「生きものらしさ」をもとめて

大沢文夫

藤原書店

「生きものらしさ」をもとめて——目次

「生きものらしさ」をもとめて

装丁　作間順子

はじめに——関係・調和・状態

この本を作ることになったのは、二十年以上にわたって藤原書店の藤原社長が主催され開かれてきた「野間宏の会」に、ある年私が招かれたのがきっかけです[*]。そのときの講演で、私が生きものの〝状態〟について、〝自主自発〟について、野間さんと深い議論をしたかったことを話しました。その話がみなさんの関心を集めたようで、藤原さんが私を囲む数人の、自由にしゃべる円卓会議を毎月一回開くよう企画され、その会は三年近くつづきました。会のテーマはきまっていないのですが、みなさんの〝生きもの〟についての関心が強くて、毎回話がもり上がりました。この会をつづけてやってくださって、私にとってはたいへんありがたくうれしい話です。

＊作家の野間宏（一九一五—九一）を顕彰する会。野間は、私の妻・安子の姉の光子と結婚。

その会のある回では、主題は「快・不快の生物学――状態論として、そして〝ヒト〟の未来について。キーワード――調和優先」でした。

「快・不快はヒト・サルに限らず、すべての生物がもつ〝感じ〟である」――べつに学会で認められたという話ではないのですが。サイエンティストは、生物学者もだいたいそう思っているようです。

ところが、「快」にもいろいろあります。かゆいところをかいて気もちがいい、という「感覚的快」もあれば、今日は朝から気分がいい、という「状態的な快」もある。後者はどういう状態で生まれるのか。単細胞生物ゾウリムシが二五℃で培養されているとき、急に温度を下げると、あちこちからだを反転させて方向をランダムに変えながら泳ぐ。いかにも「不快」な状態にあるように見えます。ところが、温度を二五℃にもどすと、すぐにスムーズに速く泳ぐようになる。「快」の状態にあるように見えます。これは見ているとそう見えるんですけれども、学会のシンポジウムでやったら、たちまち腹を立てた先生がいました。それは非科学的表現である、とアメリカ人の物理学者がたちまち文句をいいまして、私は何も反論しませんでしたけれど、やっぱり学者というのはそういうものかなと……。

細胞の中でいろいろの働き――代謝、輸送、運動、感覚など――をうけもつ分子や分子機械が（流行の言葉では「ナノマシン」です）、バランスよくお互いに調和して動いているとき、〝快〟状態にあるのではないか。温度が変わると、どこかにアンバランスが生まれ、調和がくずれて〝不快〟となるのではないか。

細胞の中で、ひとつの働きだけが突出したり、それぞれの働きを受け持つ分子の特性がお互いにマッチしなくなったりすると、細胞はそれを修正しなくてはなりません。

細胞は自らの状態を総合的に判断して、快・不快というものさしで状態を評価します。それを評価して「〝快〟状態を実現し」たいと、そういう操作をするわけです。〝快〟状態を実現し、保つには〝調和優先〟が原則であると思われます。何かの働きだけ突出しては困る。人間でいえば知能ばかり突出して、ほかはいいかげんでは困るというわけです。知能を制御してくれなければいかんわけです。そういうのは、生きものでいえば、たちまちだめになってしまうので、生きものはだいたい突出しないようになっているんです。やけに速く走るということだけ得意にしてると、ろくなことがないわけですから、いま現存している生きものは、だいたい調和してるからこそ生きているわけです。しかも、修正能力があるから。これは私の想像ですけれども、そういう評価するようなシステムを体の中に持っていると。これは私の仮定、希望的仮定です。ですから、「〝快〟状態を実現し、保つには〝調和優先〟が原則である」と。

以上は、単細胞から多細胞へ、一匹の生物、その集まりへ、生きものの各段階でくり返し現れます。多細胞になると、各細胞は自分の得意の働き、このためにいるという働きがあります。だけど、それを集めて多細胞の一匹になったときには、お互いの細胞がそれぞれの役目を果たしながらお互い調和してるから生きていられるのでありますから、多細胞で一匹の生物になるとき、調和優先としてしか、ちゃんと生きることができる生物になれない。それが集まったときには、集まりの一部分の生物はこれが得意であると。同じ種類の生物でも、いっぱいあったときには、こういうのが得意な一匹がおれば、別のことが得意な一匹もいる。それが集まって、全体としては調和している。あるグループだけが突出しては集まりとして成り立たなくなって、それが大事であるといいたいんです。

別の言い方をすれば、各段階で個が互いに関係をもち、その関係から個の集合の状態が生まれるのです。個にそれぞれ同じであれとか、けっしていわないわけです。個はそれぞれ特色をもっているんだけれど、それがいい関係にあると集合が調和状態にある。

そのとき、調和的関係、そういう関係を作ることがカギであるという考え方ですが、一時よく、人はついに滅亡するかというような話題にどうしてもなるようでしたけれど、約四十年前、野間さんとの対談、「生命・人間・文明」の最後の節は、以下のようになっています（一九七八年一月三日『朝日新聞』）。

「全地球の律動　視野に入れて」とあって、野間さんの言葉は、「第三世界はどうしても工業がほしい。二百年ぐらいの単位で植民地化されていて、タバコならタバコしか生産されないモノカルチャーなので」、だから調和状態ではないんです。「そこから抜けだして工業と農業の均衡をとらねば民族の独立が達成できない、という問題をかかえているからだ。しかし、最近は第三世界の都市にも似た環境問題が生じているわけで、工業をおこすそのおこし方を考えねば、いわゆる先進諸国と同じ状態になってしまう」。

環境問題もある意味では、環境と人間の非調和から生まれるわけですが、ほかの生物も含めて、どうも調和していない。「全地球を視野に入れた、自然の生き死にの律動と実像を感受できるところへ出ていけるかどうか、が問題だ」と。だから「全地球を視野に入れて」ということは、要するにその全体を調和するような方向へという意味だと思います。私の意見としては、「そうなればいいけれど、結局は日本人をふくめた人間の気力が決め手になるように思う。個人個人のではなしに、種としての人間の気力が……。やりくりは気力がなくてもやっていけるけれど、さっき出た本当の豊かさ、といったものを作ろうとすると、元来の生きものとしての気力が不可欠になる。人類は老衰してもうどうでもいいやという時機にきているのか、それともまだ青年期にあるのか、人類の歴史ははじまってから年月としては短い。こんなにゴタゴタしていても、まだ青年期で今後大発展するかもしれないし、あるいは人類は実は短命なのかもしれない、そこがわからない」。ということで、この対談は終わっています。

要するに、私の言いたいのは、ヒトという種が、種としてどういう意志をもつかという、そういう意志を形成しないといかん、ということを言いたかったんです、一人一人というよりも。一人一人の集まりが種ですけれども。

最近いろんな人がこういうことに関連した論説を書いています——「ヒトの作る科学技

術文明の急速な発展の行方には、文明崩壊、自然崩壊、そしてヒトの滅亡がある。これはヒトの〝本性〟、知識欲、拡大欲、進歩欲、支配欲、そしてぜいたく欲？にねざすもので、ヒトのＤＮＡのどこかを変えない限り避けられない、という人々がいる」。こういう論説が時どき現れているんです。要するに、ヒトの本性がまずくできているという、本性はＤＮＡが決めているからという、そういう現代分子生物学をバックにしているんです。

以下は私の考え方ですが、しかしこのような〝本性〟は、実は科学技術の発展とともに後天的にヒトにくっついたのではないか。ヒトも生物の中の一つの種として、本来〝調和優先〟という本性をもつと思われます。下等な生物は、明らかに調和優先という本性をもっているので、生き延びて栄えてというか、平和にやっているわけです。だからヒトも生物の一つの種だから、調和優先という本性がヒトの中にあると思われるのです。

「それをヒトが自覚すれば」と。それを自覚していないというのが問題で、知識欲、拡大欲、進歩欲、進歩という概念もじつはわりに現代的な概念だといわれていますね。そうではなくて、調和優先というのは、もともと生物の種の一つとしてヒトにもあるんだ、ということを自覚すれば、「ヒトもふくめて自然におだやかな調和に至る未来があると思いたい」と。この「自然に」というのは二重の意味がありまして、「おのずから」という意味と、実際の客観的自然という、生きものをふくめた周りと、周り全体におだやかな調和に至る未来があると思いたい。

私の考え方では、「関係」がえらい大事で、それが決め手で「状態」が決まる。そういう考え方をしたいわけです。関係のとり方をまちがうと、まったく違う状態になってしまう。個と個のあいだの関係のとり方がキーであるという意味では、そのとおりです。物理ではそういうことはしょっちゅうありまして、粒子間の関係が違うと物質の状態が違う。だから物理学者はしょっちゅうそういうことを言っていて、「関係」という言葉はあまり使わずに「相互作用」という言葉をよく使います。でも、私としては、日本語の「相互作用」というのは、いつでも積極的にお互いに何かやりあうという感じがあって、「関係」という言葉のほうが好きなんです、日本語としては。

ヒトの子はヒトであるということは遺伝子で決まっているけれども、ヒト一人一人が他のヒトとどういう関わり方をもつか、他の生きものと、また自然環境とどういう関わり方をするかは、ヒト一人一人の自主・自発の心に依るところが大きいと思います。そういう意味をこめて、以下の話を〝生きものの自発性について〟から始めることにします。

I

〈講演〉〝生きものらしさ〟とは何か

ゾウリムシの自発的運動

今日はこういう機会を与えてくださいまして、ありがとうございます。藤原さんとは三年くらい前からおつき合いさせていただいておりまして、年をとってから大変幸せを感じております。ちょうど二十年たったと言われましたが、二十年前というと私には、あっと思い当たることがあるんですが、ちょっとその話は今は時間がありませんので、また何かのときにいたします。

私は自然科学者でありますので、大多数の皆さんとはあまり縁がないのではないかと思いますが、なるべく気楽に聞いていていただきたいです。「〝生きものらしさ〟とは何か」ということですが、生きものらしさといっても、いろいろな面からいろいろな生きものらしさがありますけれども、その中の一つとして今日の主題は「自発性」の話です。藤原さんの書かれた今日の会の精神の最初のところに、自立的精神が一番大事である、とあります。その背後にあるのは、自発性だと思います。だから藤原さんの目指されるところと幾らか関係があると思います。出てくるのは、何しろヒトではなくて、ゾウリムシです。だから

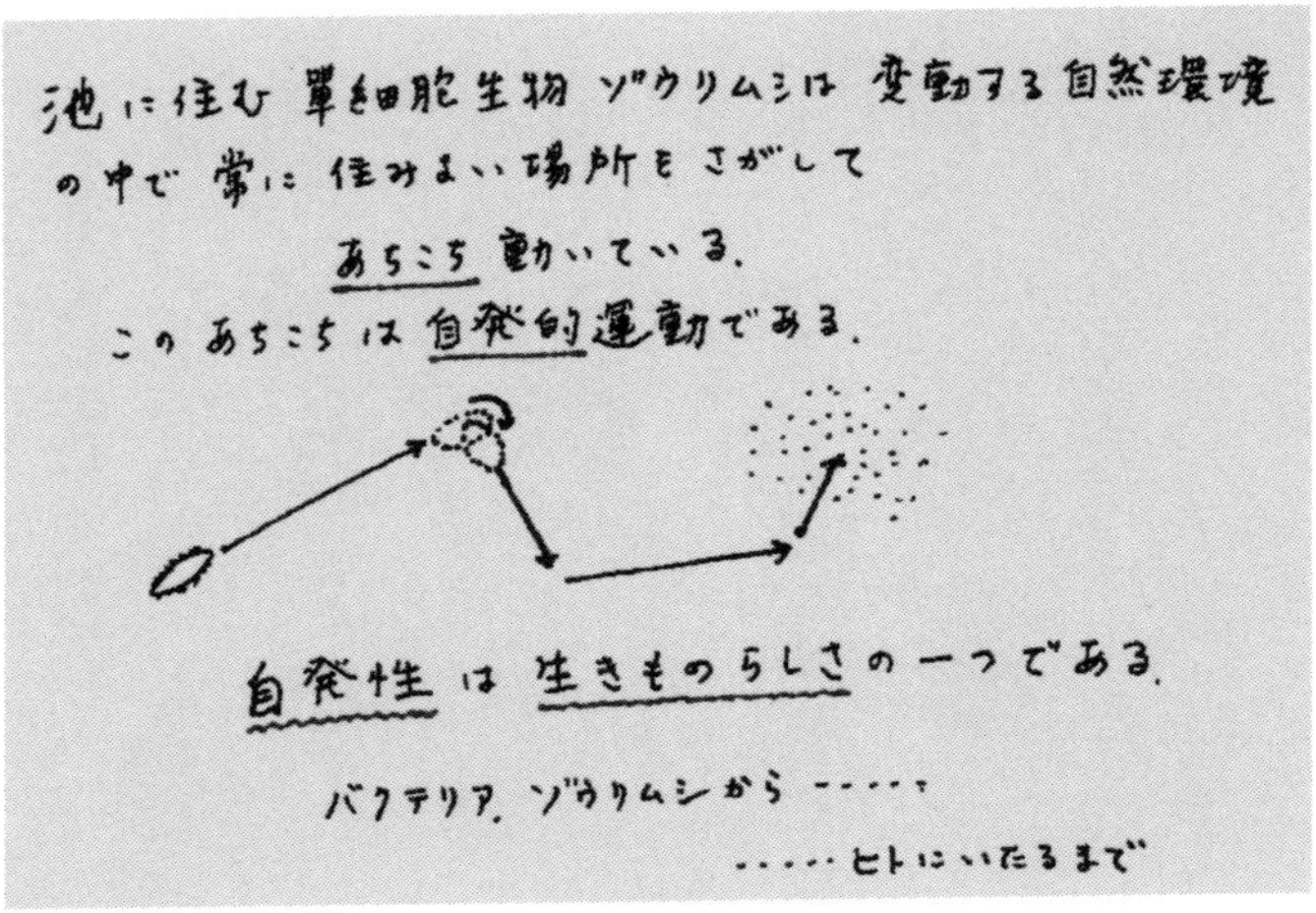
池に住む単細胞生物ゾウリムシは変動する自然環境
の中で常に住みよい場所をさがして
あちこち動いている。
このあちこちは自発的運動である。
自発性は生きものらしさの一つである。
バクテリア、ゾウリムシから……
……ヒトにいたるまで

図1

何というか……気楽に聞いていていただきたいんです。

スライドを見てください（↓図1）。単細胞生物、ゾウリムシは、変動する自然環境の中で常に棲みよい場所を探して、あちこち動いて泳いでいます。そのあちこちは自発的運動であって、あちこち動かないとどこにエサがあるかわかりませんのでエサを探しに行くわけです。エサはバクテリアですけれど、池の草にくっついてふえているバクテリアを探しに、あっちに行ったりこっちに行ったりする。それから冷たいところは困るから温かいところに探しに行くわけで、それもあっちこっちしなければいかん。しょっちゅう自然環境は変動しますから。実験室で実験しているときは、一定の環境で人間がセットしてあげるからそんなことをしなくてもいいですけれども、何しろ生きものを相手にするときに一番大事なのは、「自然環境の中では？」と問いかけるのが大事なんです。生きものの学問ではね。物理ではあまりそういうこと……まあいいや（笑）。

絵にかいてありますように、あちこち泳ぎます。自発性は生きものらしさの一つである。バクテリア、ゾウリムシからヒトに至るまで。もちろんヒトは自発性を持っていますね。だから、ゾウリムシの自発性行動を研究しながら、実はヒトだとどうなのかなと、いつも思うわけです。皆さんもきっとこれからの話で「そうか、人間とそっくりだな」という思われることがいっぱい出てきます。

ゾウリムシの方向転換のしくみと「ゆらぎ」

まずは、みなさんにゾウリムシの泳いでいるところをお見せいたします。お見せするのは三つの単細胞生物です。一番左はバクテリア、大腸菌です（↓図2）。これは大きさ一ミクロンで、螺旋状の尻尾をはやしておりまして、回転モーターで螺旋の尻尾を回転させる

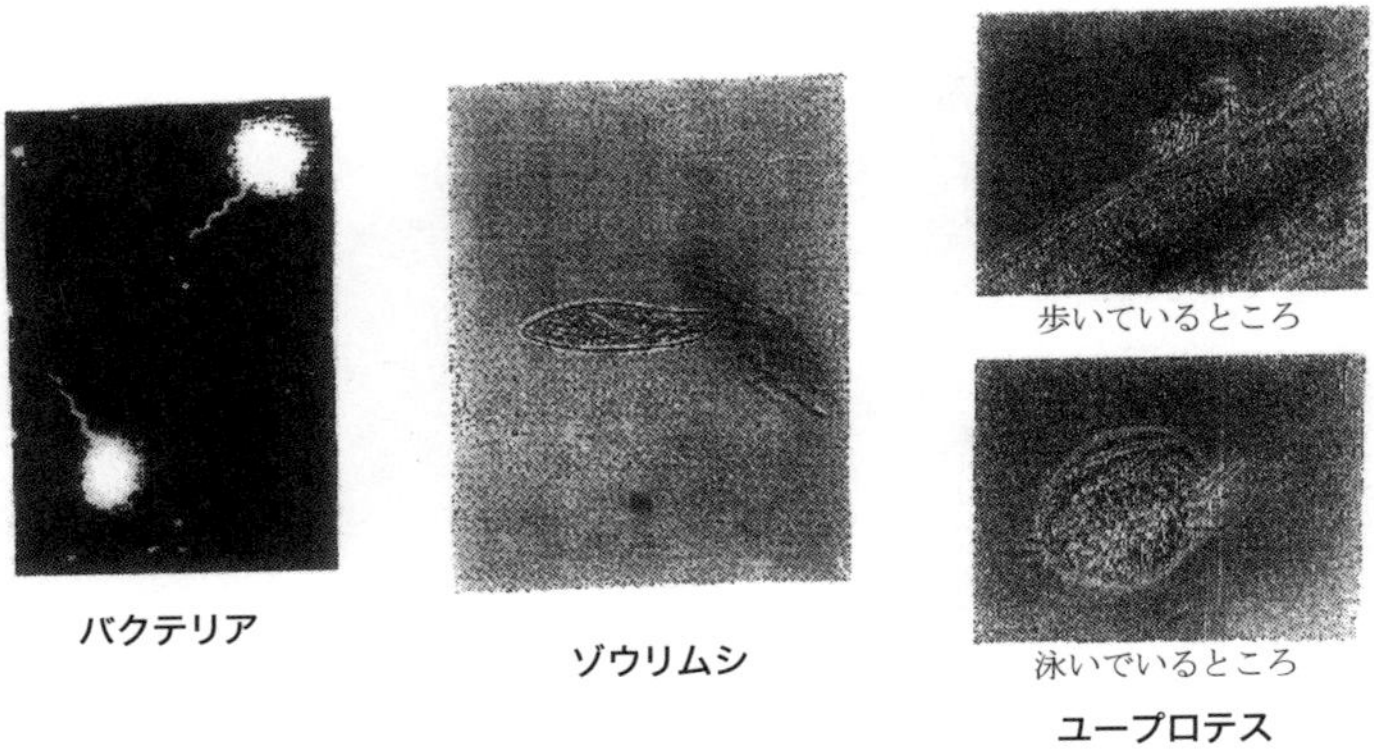

図2

と、散髪屋の印みたいにすーっと螺旋が走っていきます。物は回っているだけだけれども、螺旋が走っていくと結構水を押すんです。それが推進力になって、バクテリアは泳ぎます。後でお見せいたします。方向変換するときには、モーターを突然逆変換します。逆転——回転方向を逆に切りかえます。それを数秒間切りかえますと、方向変換が起こります。それも、後でお見せします。

真ん中の写真がゾウリムシでして、バクテリアの百倍の大きさです。バクテリアは一ミクロンで、ゾウリムシは〇・二ミリぐらいですので百倍ですね。ゾウリムシはオールを表面にいっぱい生やしておりまして、何千本のオールを一斉に漕いで泳いでいるわけです。一斉に漕いでくれればいいですけれども、一部分のオールを逆漕ぎすると向きが変わるわけですね。一斉に逆行するとバックになりますけれども、半分逆漕ぎすると向きが変わりますね。そうやって向きを変えるという泳ぎ方をします。

もう一つ珍しい単細胞生物、やはりゾウリムシと同じ種類ですけれども、繊毛虫類ユープロテスという奇妙な単細胞生物がおります。それの動き方が面白くてたまらないから、皆さんにお見せしたいんですけれども。何しろお見せする映画は、はるか五〇年前のドイツ製の映画です（↓図3）。

これは最近我々が研究室でつくった、バクテリアの泳いでいるところの映画です。すっと来まして、右から左下へ来るのがいるんですが……。見ていると逆転してくれない。追いかけるやつがちゃんと逆転してくれればいいけれども……。時々方向変換するのは、わかりますか？　方向変換しているのはわかるけれども、そのとき回転が逆になって、ブレーキがかかって……というのはちょっと……見えませんね（笑）。残念ですね。ちょっと映画を映し、映ししているうちにぼけてしまって……。

こんどはゾウリムシです。これはスイスイと泳いでいますが、時々ヒュッと方向を変え

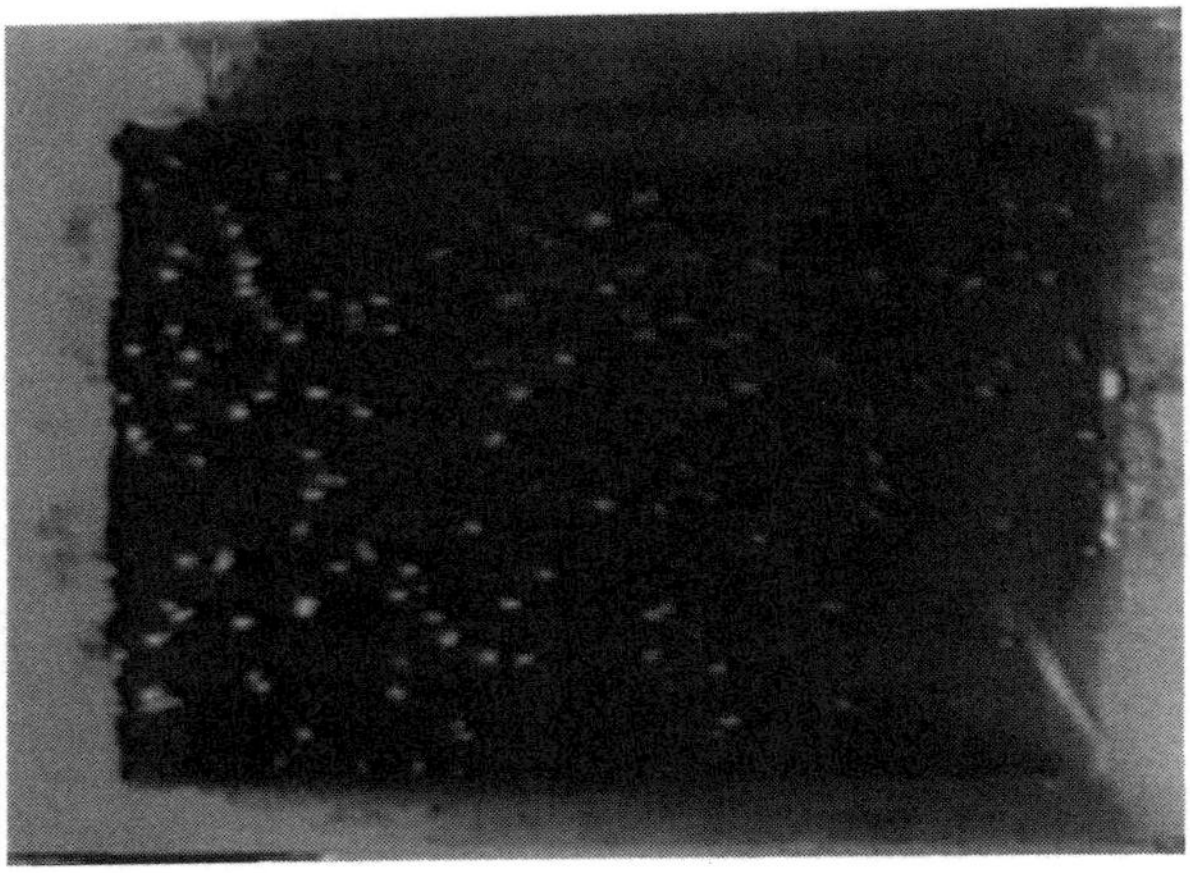

図3

ます。これも、追いかけているやつが方向を変えればいいけれども（笑）。ひょいっ……変えましたね。これは十秒に一回ぐらい方向転換いたします。何も外から刺激していないんですよ、勝手にやっています。今、ちょっと冷やしました。冷やすと嫌がるので、嫌がるそぶりがよく見えます。盛んに逆転するでしょう。困ったこっちゃと思っているわけです（笑）。四十秒ぐらいで、大体なれますけれどね。

次の映像は、ユープロテスで、水の中で、木の上を歩いております。時々止まったり、歩いたりする。あれは、勝手にやっているんですね。自発的にやっているんです。何も来ないけど、勝手に止まったり動いたりしている。これは単細胞ですよ。それで時々嫌になると、水の中に泳ぎに出ます。……泳ぎに出ました。これは勝手に泳いだり、歩いたりしています。自分でですよ。だれかが棒でたたいたわけじゃないんです。みんな自分勝手に、自発的にやっているんです。泳いだり歩いたり、歩いて止まったり、歩いたり、また逆に歩いたり……と、そういうことをやります。

これはゾウリムシで、左が二〇度C、右が二五度Cの水槽にゾウリムシを入れますと、数分たちますと二五度Cの温かい方に集まってきます（→図4）。その集まった後の写真です。ちょっと見にくいですが、実物をまた映画でお見せします。

水槽の中にゾウリムシを入れます（→図5）。この白く光っているのがみんな一匹一匹ゾウリムシです。下に黒い紙を引きまして、横から光を当てますと、ゾウリムシがぴかっと光りますので一匹一匹見えるんです。どちらに行くかな……、別に一目散に、直線的に好きな方に行っているわけではなくて、みんなあちこちやっております。やっているんですが、何ということなく知らん間に……右の方が多くなってきたでしょう。右の方が快適なんです。だけど、快適だからといって止まりませんよね。もっといいところがあるかなと、また出かけていく。また戻ってくる。左の方にはちゃんと落ちこぼれがおるというのが

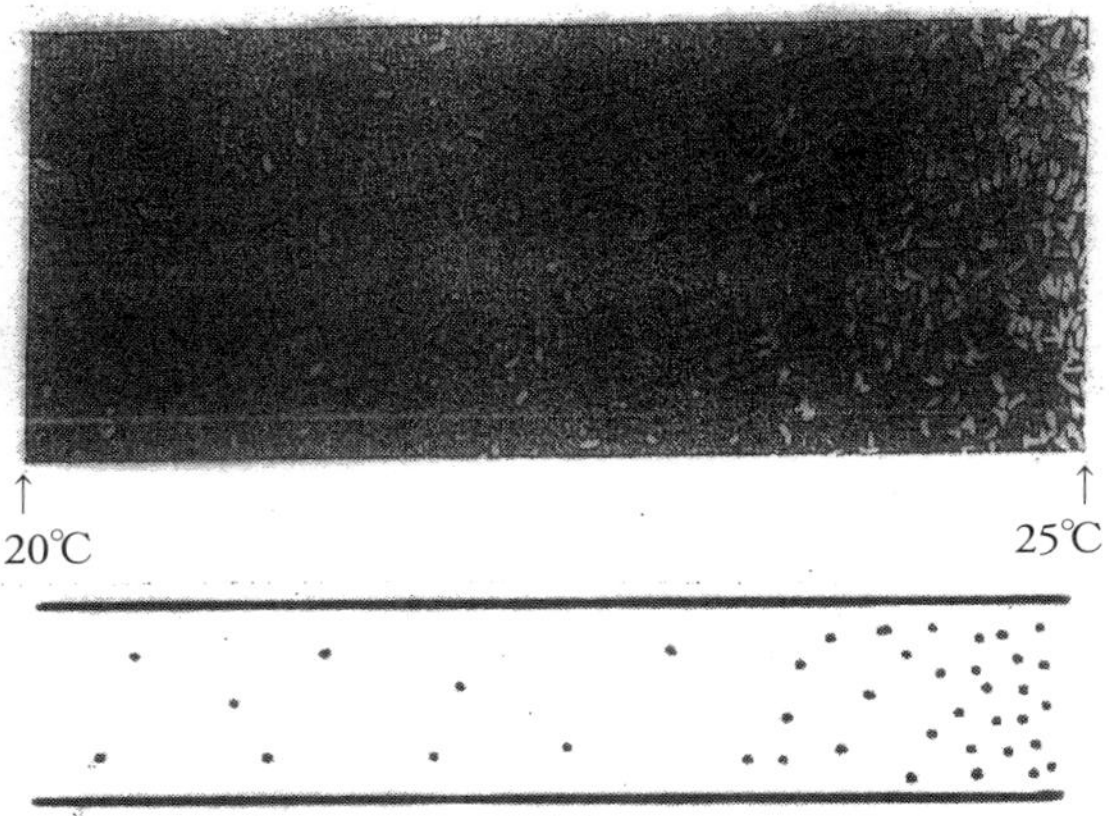

図 4

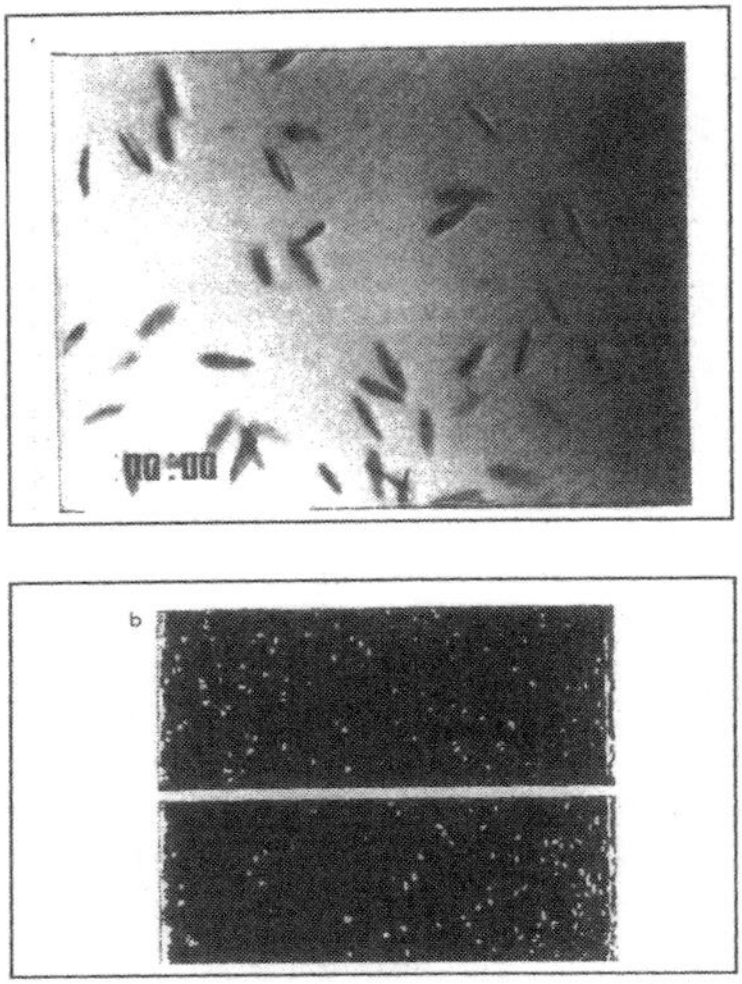

図 5

（笑）、いかにも生きものらしいところです。人に二五度Cで集まる機械をつくれと言いますと、全ロボット、全機械は一斉にわっと集まりますね。落ちこぼれのロボットはいませんよね。だからこれは、機械ではないんです。落ちこぼれがいるというのは、生きものらしさの一つです（笑）。それからいいところに行っても満足せずにあたりを徘徊しているというのも、生きものらしさの一つです（笑）。

一匹一匹を見ていると、面白いですね。これ（↓図6）はその方向変換がなぜ起こるかを研究するために、細胞の中に針金を入れて細胞の中の電気をはかりますと、普通細胞の中はマイナスの電気がたくさんあるんです。イオンですが、ゆらいでいます。ゾウリムシは特にゆらぎ方が大きくて、マイナスの電気を時々ぱっと減らしたりふやしたりして、ゆらいでいるんです。「ゆらぎ」という言葉は、最近マスコミに出るようになりましたね……まあいいや（笑）。私の研究は、ゾウリムシがわざわざ「ゆらぎ」を増幅している、そのメカニズムはなんですか、ということです。それで、マイナス電気をぴっぴっと減らしてやるんです。増幅し、このぴっと上がったところで方向変化する。方向変化という自発性を出すために、わざわざエネルギーを使って、もともとの熱ゆらぎ、無方向で無秩序

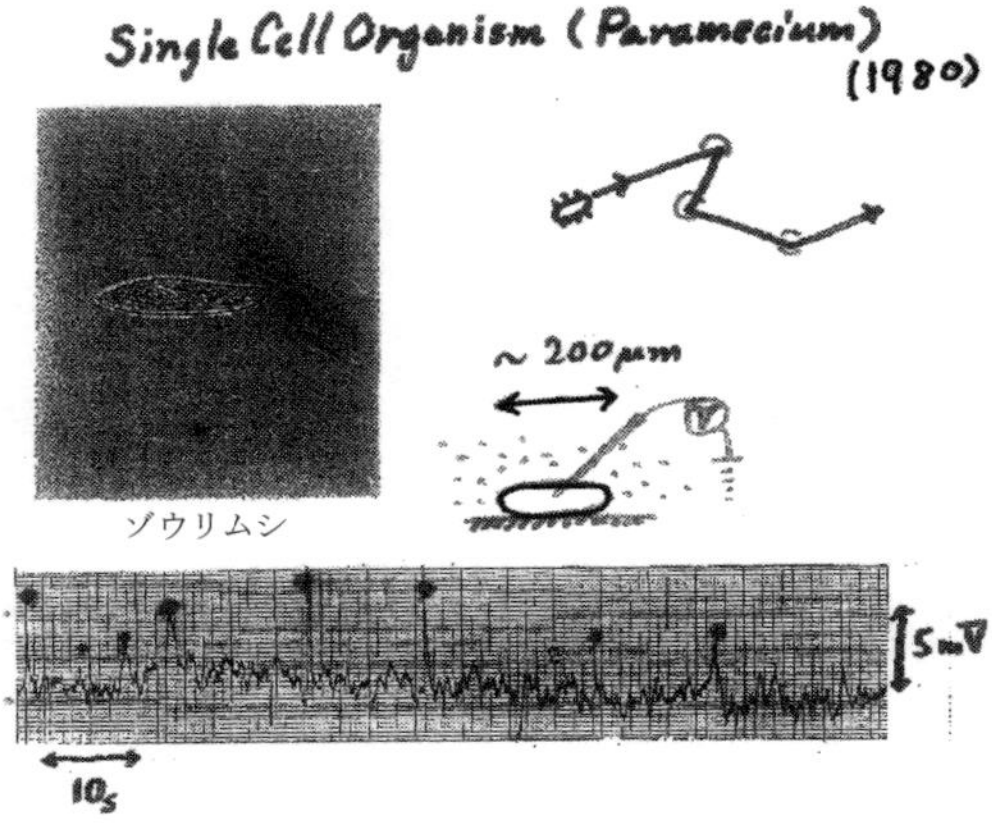

図6

の分子の熱ゆらぎを方向性のあるゆらぎに変えているメカニズムを、ゾウリムシが持っているんです。それが彼らの偉いところでありまして、ランダムな、あっちに行ったりこっちに行ったりというのはいかにも機械でない勝手なことのように見えるけれども、わざわざ勝手にすることができるような仕掛けを中に持っているんです。それは私自身の研究の、いちばん主な、大事な発見というと大げさですが、私の持論があるんですけれども、それをちょっと今日は説明ができません。専門的になるのでやめます。

仲間がいる方が自発性が大きい

さて、自発性というのは自分でやるのだから、別に仲間とも関係なしに自分自身で勝手にやるのかと思ったら、そうでもなくて、仲間がいるかいないかでえらい違うんです。面白いことに、仲間がいないとまっすぐ泳ぎます。一匹しか入れ物に入れずに、顕微鏡で見ていますと、入れ物の端から端までシューっと泳いでいきます。大勢いますとあっちに行ったりこっちに行ったりお互いにしています。お互いにぶつかるほどはいないけれども。だから少ししかいないとまっすぐ泳ぐ、大勢いると盛んに方向変換する。自発性にも、仲間がいるかいないかが影響する。これはなんでかというのは、いまだにわかりません。実験は何回やってもこうなりますが、その原因はいまだにつかめていない。一番ありそうな話は、何か物質を分泌しながら仲間に通信している。いるぞ、いるぞ、我々はそばにいるぞというのを通信しているという可能性が多いですが、それはまだわかりません。左側、一CCに三匹しかいないと、方向変換の時間間隔は約二十秒です（↓図7）。右のように一五〇匹いると、方向変換の時間間隔が七・五秒であると、差があります。自発性にも、仲間がいるかいないかが大事ですよ、ということです。これで人とまた思い当たりますよね。当たりませんか（笑）。

一番上に書いてありますが、大勢いる方が自発性が大きい（↓図8）。だから自発性と相

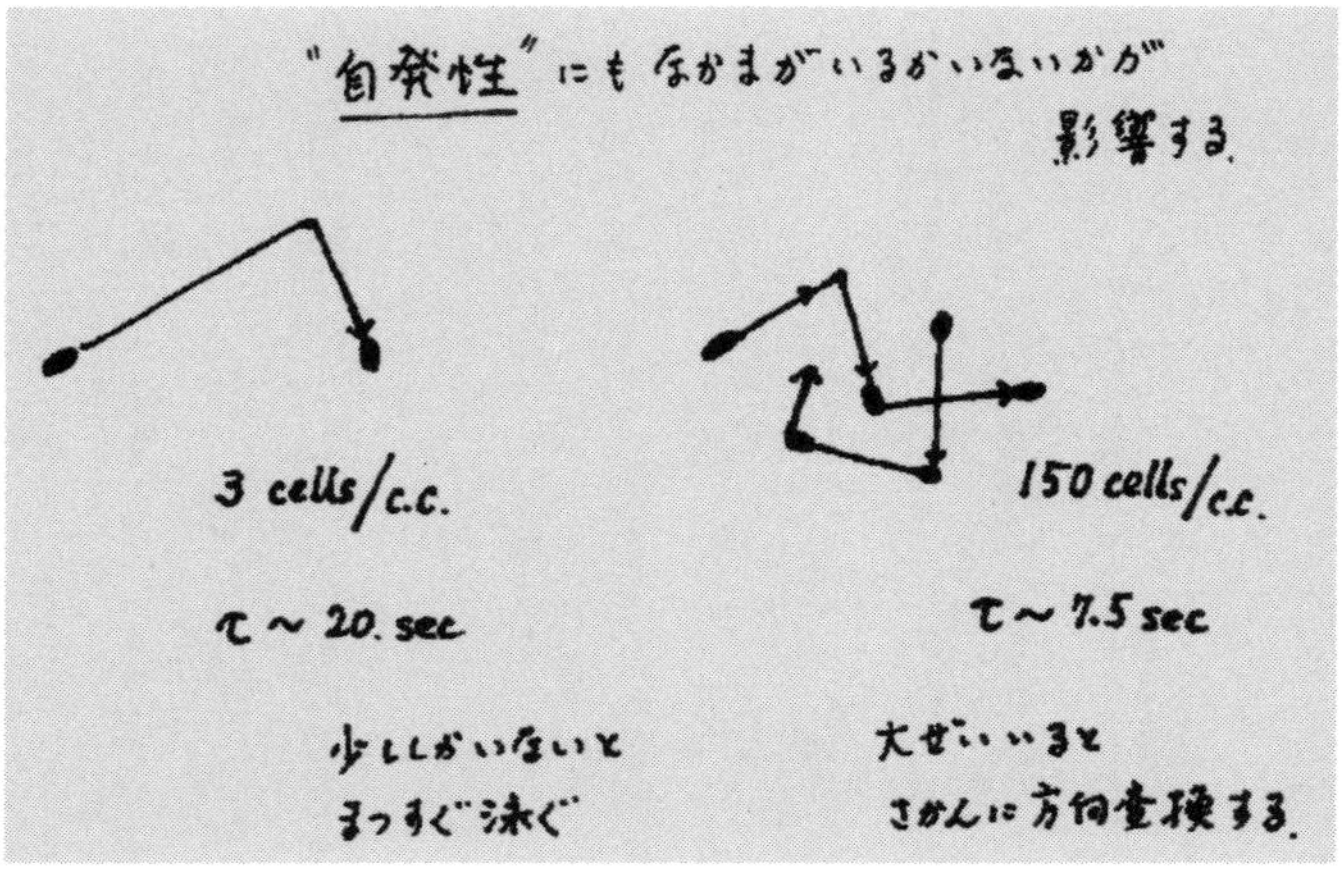
"自発性"にもなかまがいるかいないかが影響する。
3 cells/c.c.
150 cells/c.c.
τ ~ 20 sec
τ ~ 7.5 sec
少ししかいないとまっすぐ泳ぐ
大ぜいいるとさかんに方向変換する。

図 7

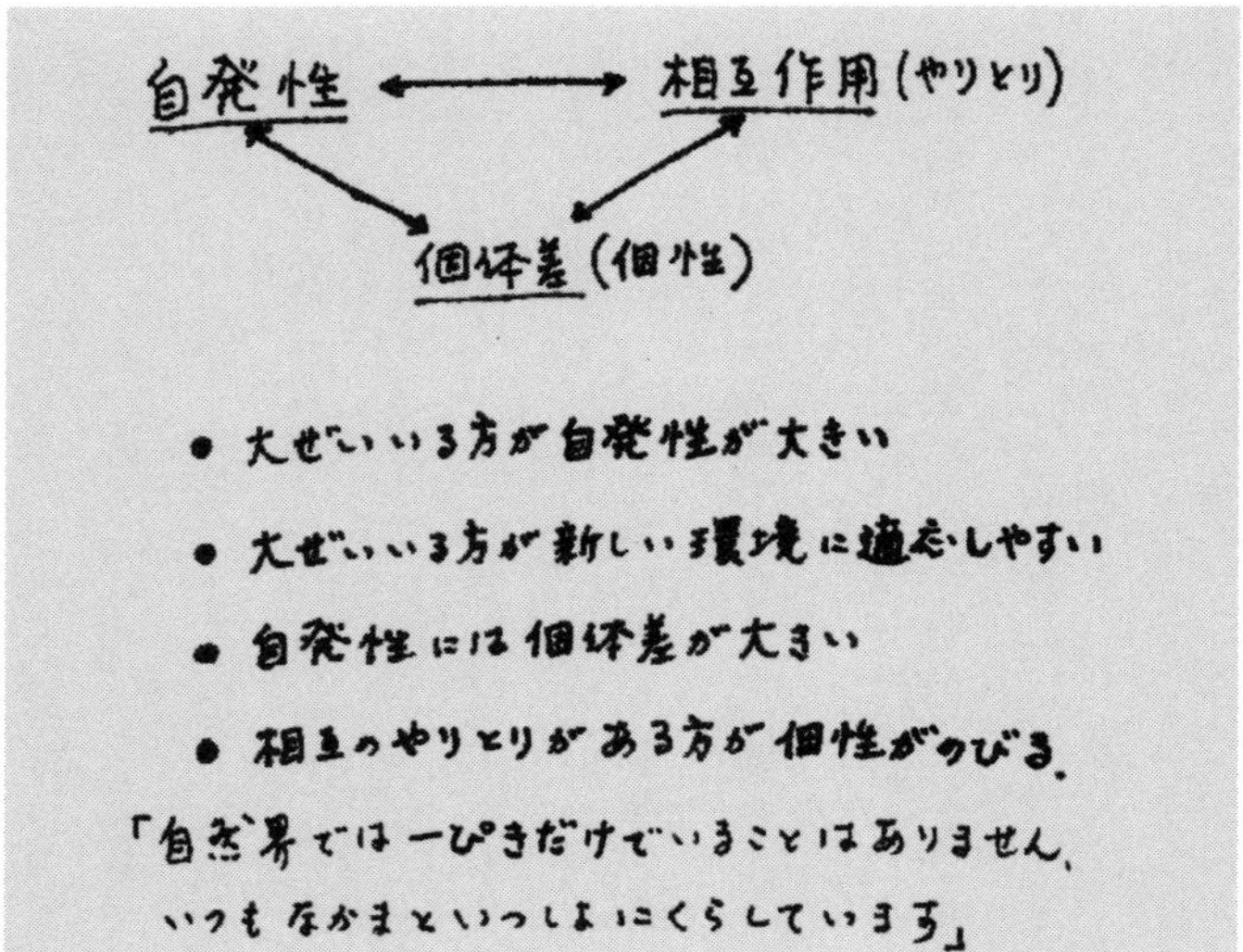
自発性
相互作用(やりとり)
個体差(個性)
● 大ぜいいる方が自発性が大きい
● 大ぜいいる方が新しい環境に適応しやすい
● 自発性には個体差が大きい
● 相互のやりとりがある方が個性がのびる。
「自然界では一ぴきだけでいることはありません。いつもなかまといっしょにくらしています」

図 8

互作用とはお互いに関係がある。大勢いる方が自発性が大きいという話をしますと、勘のいい人はぱっとわかって、うちは一人っ子だったな、と（笑）。やっぱり大勢子供をつくらなければいかんな、と。人に思い当たるんです、ゾウリムシを見ながらね。大勢いる方が、新しい環境に適合しやすい。これもゾウリムシの実験でそうなったんですが、これは教育の現場ではなかなかいい話でありまして、新しいことを勉強するときには大勢いる方がいいんです。多人数教育より少人数教育の方がいいと言いますけれども、それはそう正しくはないんです。ただし、このとき大勢というのはお互いに通信しないといけない。先生から一方的に何かを教えられたのでは、何もならない。生徒がお互いにやりとりすると、大勢いる方が新しいことを覚えやすいんです。先生は別です。先生が一方的に教えるときに、大勢か少人数かどうかは知りませんけれども、先生は別として仲間は、これを勉強したいという仲間が大勢いる方が早く覚えるんです。そういうことをゾウリムシはやっている。今のは、ゾウリムシの話ですよ（笑）。

三番目が、自発性には個体差が大きい。これは実験ではっきりわかっています。同じクローンで、大腸菌でも、同じＤＮＡでもどのぐらい頻繁にあっちに行ったりこっちに行ったりするかというのは、個性が非常に強い。個体差が非常に大きいです。反射的行動とは別です。熱いところに手をつけるとぱっと手を引っ込める、これは反射ですね。これはだれもが同じようにします。目の玉を触ろうとすると、目をぎゅっと閉じますね。それも、だれでも同じようにします。そうでない、どうでもいいようなこと――自発性の方は、個体差が非常に大きい。せかせか型とのんびり型というのは生まれつきもあるし、環境もあるでしょうけれども、個体差が特別大きいです。これはゾウリムシやバクテリアで、実験的に証明されております。

四番目、相互のやりとりのある方が、個性が伸びる。個体差が大きくなります。特徴が目立ってくるんです。やりとりしているとお互いに似てくるかと思うと逆でして、特徴のある人はますますその特徴が伸びるんです。そういうことを、私は一時ある芸術大学で非常勤講師をしていましたときに、やはりそうかと痛感しましたね。油絵科の学生たちは、お互いにえらくディスカッションをします。偉い先生はいないんです。いないというと悪いけれども。そうするとお互いの、一人一人の絵に非常に個性が出てくる。日本画科は超偉い先生が一人頑張っておられまして、一方的に教育が来ます。お互いがあまりディスカッションをしないと、お互いの絵が一遍に似てきます。それは人の問題でゾウリムシの話ではないですが、バクテリア、ゾウリムシでそういうことはわかっています。

これを卒業実験の学生さんたちがずっと何年もかかって、だんだん一コマ一コマやってきたわけですね。最後に五年分ぐらいをまとめた卒業実験の学生の、研究発表のときの最後の言葉が大変印象に残りました。「自然界では一匹だけでいることはありません。いつも仲間と一緒に暮らしています」と。だから自発性は大きいし、個性は伸びる。早く物事を覚えられる。みなさん、人でも、何となく、ああ、そうかとぴったり感じるでしょう。なんて、私が言うと悪いけれども（笑）。

上の三角形が大事な三角形ですね（↓図8）。自発とは言いながら、お互いはお互いに影響し合っている。し合った上での自発性である。その自発性には、個体差が大きい。お互いにやりとりする方が、個性が伸びる。お互いに似てくるのではないんです。だから、「私は自分の個性を伸ばしたいために、だれの話も聞かなくて自分だけでやるぞ」とやるのはいかんのです。……いかんと言うと悪いけれども、その方がいいと思っている人がいると、それは誤解なんです。お互いにしゃべり合っている方が、自分の個性が伸びる。みんな、

人で、ああ、そうかと思うようなことをゾウリムシがちゃんとやっとるという、そういうお話であります。それで、皆さんに感心してほしいわけであります。

二つのspontaneousを区別しない

はい、その次（↓図9）。ところで、ゾウリムシやバクテリアとヒトと、自発性の関係でよく似ているという話をいたしました。ところがヒトは偉い、特別偉いと思っている人が大部分です。特に西洋人はみんなそうです。そうしますと、いや、ヒトは自発性と言っても自由意思でやっているんだと。バクテリアやゾウリムシに意思があるはずはない、あれは勝手にゆらぎでやっているだけであるという人がいます。英語はspontaneousが自発的ですが、面白いことに英英辞典を引きますと、spontaneousの下に二つの解釈がちゃんと英語で書いてあります。一つめは、「not planed but done because you suddenly wanted to do it」、これは意思でやるということですね。二番目の解は、「happening naturally」、おのずから起こった、自然に起こったので意思は何もないんですね。その二つの場合が、英和辞典ですと「強制ではなく任意で」というのと「自然に、思わず知らず」というのと、対応

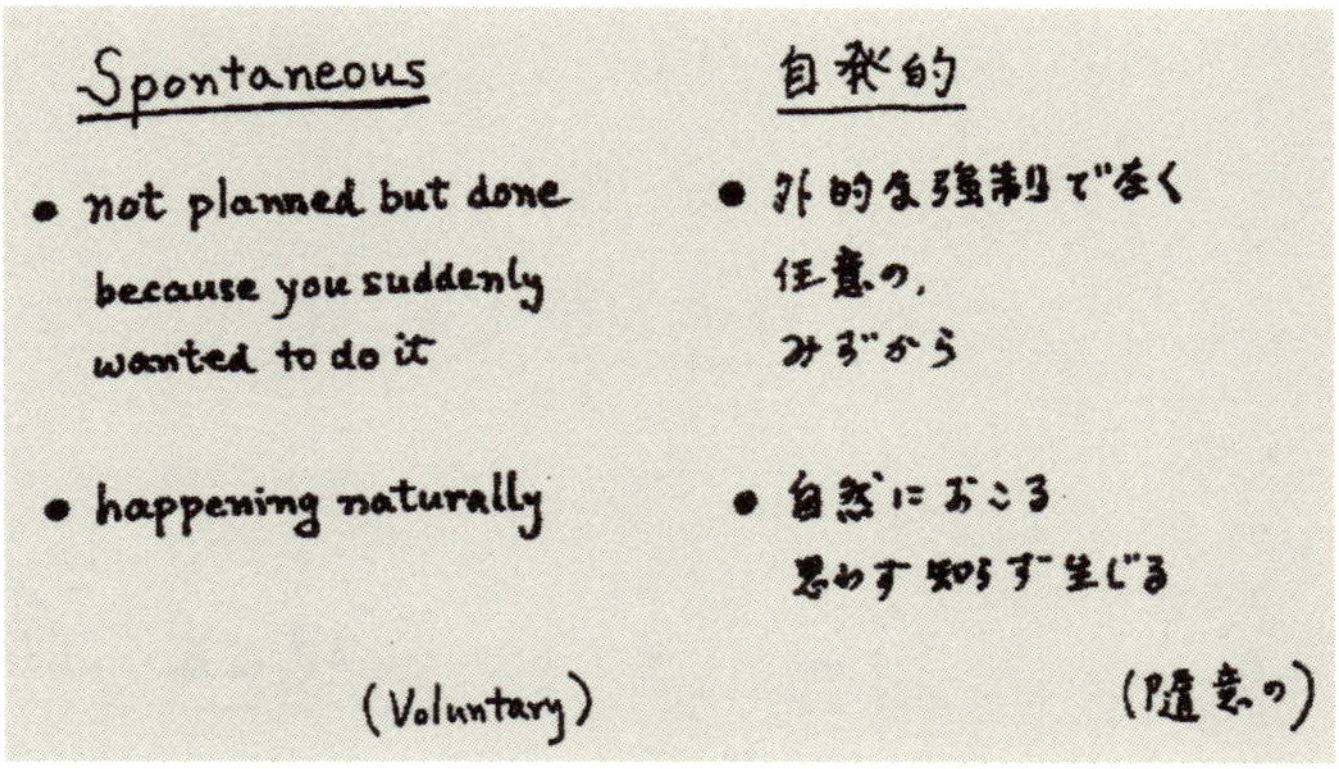
Spontaneous
自発的
• not planned but done
because you suddenly
wanted to do it
• 外的な強制でなく
任意の、
みずから
• happening naturally
• 自然におこる
思わず知らず生じる
(Voluntary)
(随意の)

図9

しているわけですけれども。この二つの解釈が同じ一つの「自発」という言葉に含まれているということは、昔々から考えると、これはどちらでもよかったんです。人が自分の意志でやると主張するようになったのは最近のことでして……これは勝手な話をしています。元々は、どちらでもよかったんです。そういうふうに、私は字引を引いてえらい感心いたしました。

そういうわけで、実はゾウリムシの自発性とヒトの自由意志とは、隔絶したものではない。生物が下等から高等にずっと上がっていくときに、自発性について「**段階はあるが断絶はない**」(→図10)。自発性、自由意志というのは、どこかの生きものまで自由意思はある、その下はないというような

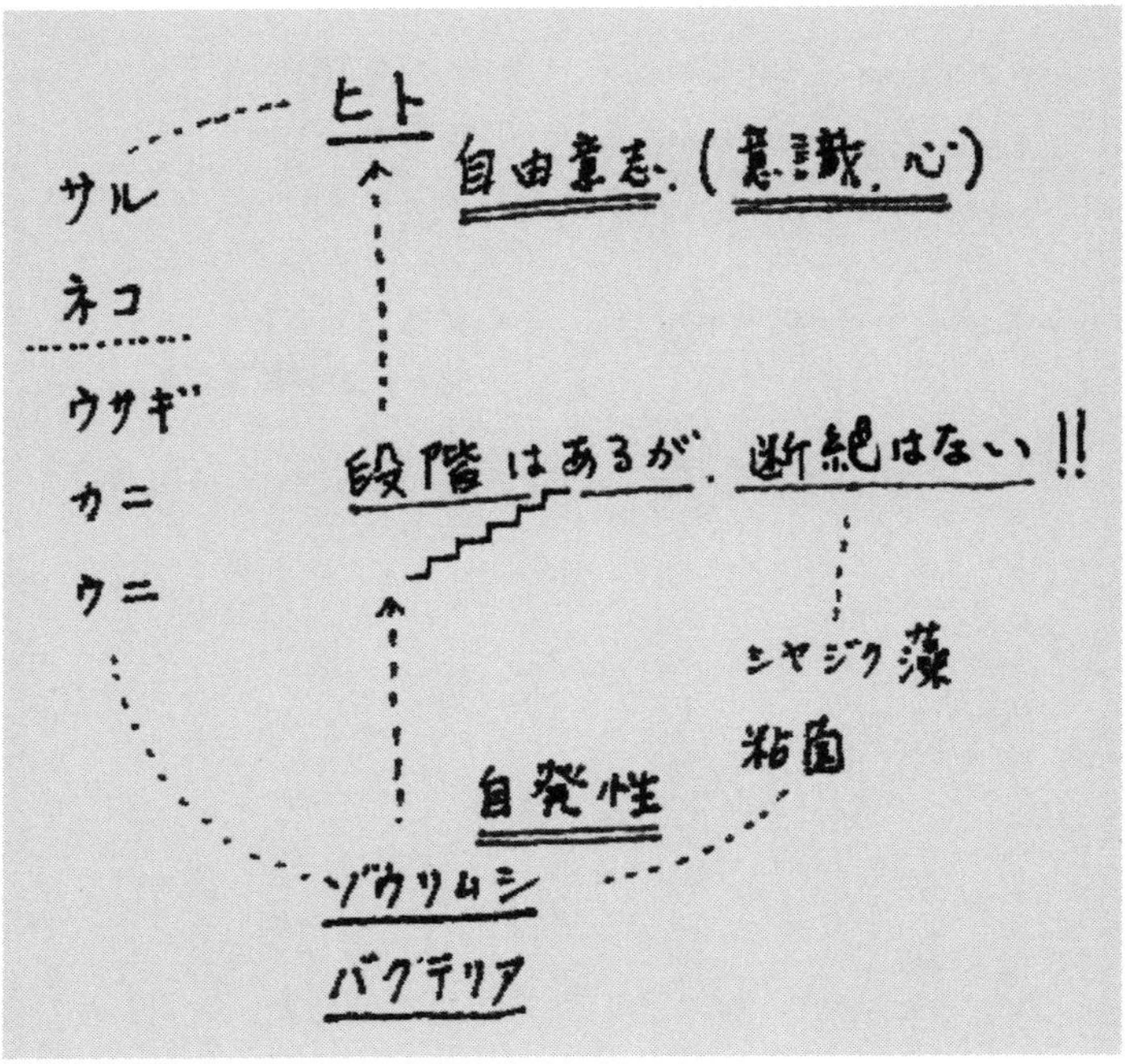
ヒト
自由意志（意識、心）
サル
ネコ
ウサギ
カニ
ウニ
段階はあるが、断絶はない!!
シヤジク藻
粘菌
自発性
ゾウリムシ
バクテリア

図 10

断絶はない。段階があるだけである。意識と心も同じでして、心はヒトだけが持っているということではもちろんない。サルもネコも心を持っている。もっと下の方で、ゾウリムシに心がないわけではない。

現にテレビでいつか偶然、日本画家の高山辰雄さん（一九一二―二〇〇七）という方が――仏様の絵をかいたり、森の絵をかいたりしている方です――、何気なく「ゾウリムシにも心がありますからね」と、普通のことを言っているみたいに言っておられるのを聞きまして、私は感心しました。人は皆、実はそう思っているんですよね。生きものには心があるということ。洋画家の熊谷守一さん（一八八〇―一九七七）が庭で一生懸命アリを眺めておられたときに、アリにも心があると思って眺めておられたんですね……。だんだん話が止まらない（笑）。

だから研究者としては、「段階はあるけれども断絶はない」ということで、一歩一歩上がりながら、自発性がなぜ自由意思になり、なぜ意識が現れ、心が現れたかを研究しなければいけない。人だけが偉いんだというふうに研究してはいかん。人の脳だけを研究していてもわかりませんよということです。

生きもののエッセンス

もう一つだけ。人が生まれるときに、受胎してから新生児として生まれるまでの話です。受胎してから二〇～四〇日の間に、顔を見ると、古代魚の顔から爬虫類の顔になり、ほ乳類の顔になり、四〇日目ごろに人の顔になります（→図11 三木成夫『胎児の世界』一九八三年）。それでずっと生まれてきます。新生児になる直前には、おなかの中で手足を動かしています。あれはspontaneousに動かしている。とんとんとおなかを二回たたくと、ちゃんと中から子供がとんとんと二回手を動かす。そういうことを、テレビでおっしゃっていた妊婦さんがいました。だからあれはspontaneousだけれども、意思が入っているような、そういう状況です。胎児の日々をさかのぼって、いつごろ意識が生まれ、心が生まれるのかという、そういうふうに物事を考えていった方がいいのではないですか。突然生まれたから心ができた、生まれたからどうかというのではなくて、ある時期からそういうものはだんだん段階的に生まれてきたんですよ……そういうことです。これらの二つの話は、最近のいろいろな、植物人間だとか脳死の問題とかいろいろなことと、みんな関係ある話ではあ

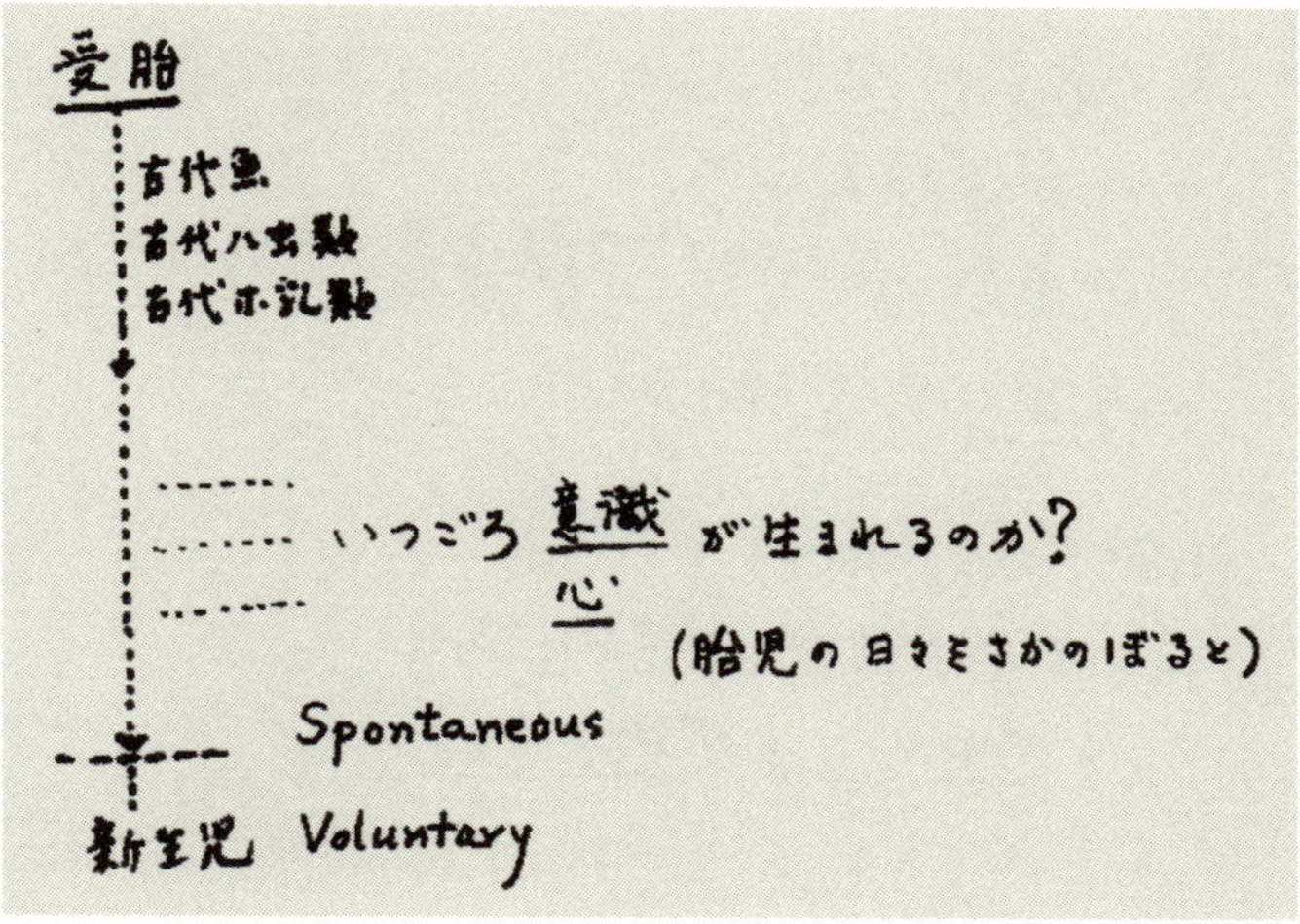

図 11

りますね。

最後に（→図12）、世界第一流の物理学者、湯川秀樹さん——五〇年前の第一線、一番偉かった人。それから現在一番偉いのは南部陽一郎さん。その方々が生物学について、生きものについてどういうことを言われているかをここに書きました。両方とも、両先生が私に直接おっしゃった言葉です。さすがに第一級の人は、生きものについても基本が、エッセンスがぱっとわかっているんですね。これは書いてありますので、読んでいただきたいと思います。

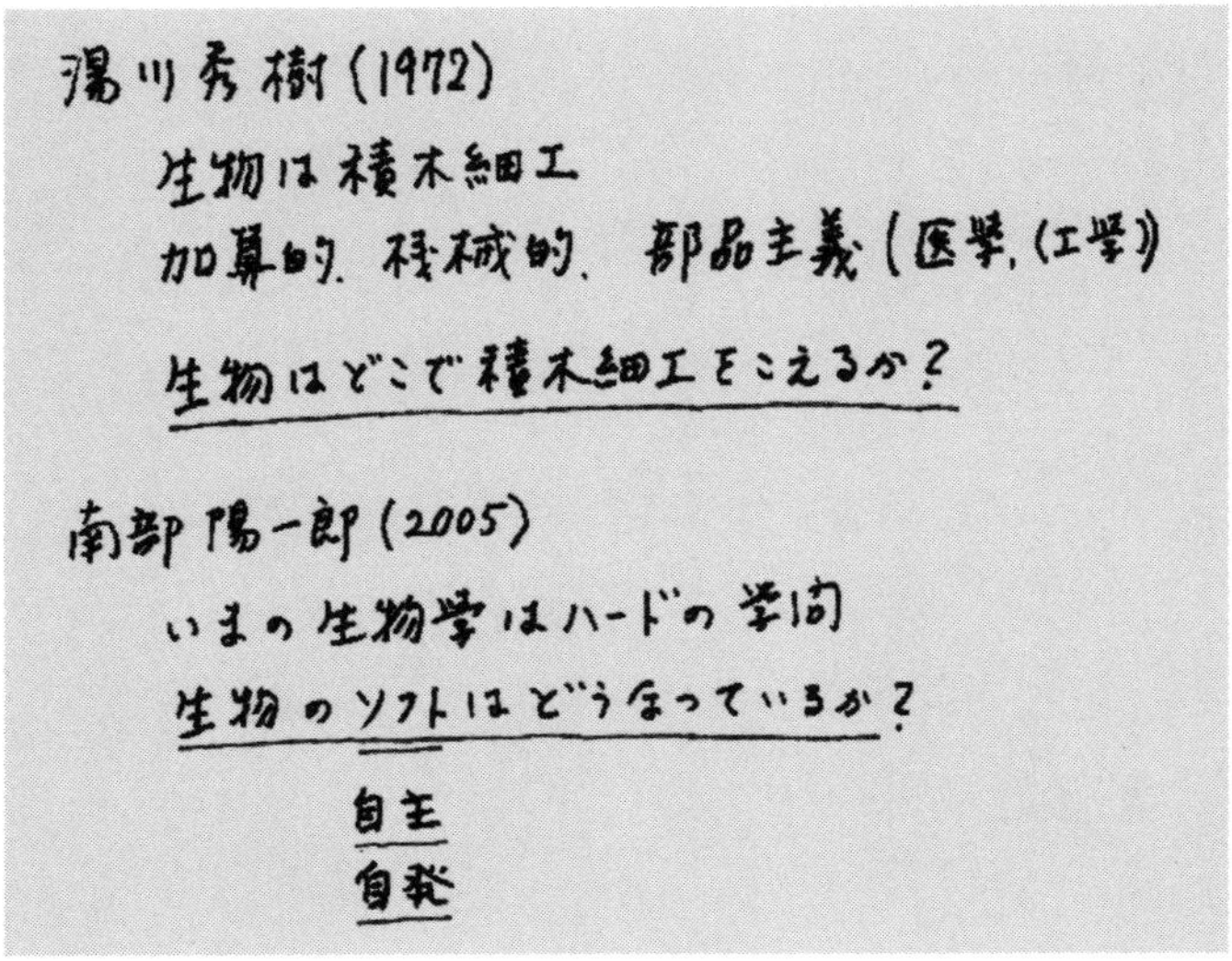
湯川秀樹(1972)
生物は積木細工
加算的、機械的、部品主義(医学、工学)
生物はどこで積木細工をこえるか?
南部陽一郎(2005)
いまの生物学はハードの学問
生物のソフトはどうなっているか?
自主
自発

図12

終わりにいたします。

＊二〇一〇年三月二三日「藤原書店二十周年」記念講演、於・東京會舘。『環』四二号、二〇一〇年七月刊に掲載

Ⅱ

自発性とは?

はじめに

皆さんが「生きものらしさ」という言葉に注目してくださったのは、とてもありがたい話で、これは英語にない言葉です。英語で「生命」というのは life、「生物」は living organisms、「生物学」は biology、「生」は bio です。けれども「生きものらしさ」、「生きもの」を英語に訳そうと思うと、言葉がないんです。だからおそらく西洋には、歴史的にそういう考え方がずっとないのではないか。「生きもの」というのはちょっとあいまいで、「生物」というと硬くなって具体的すぎるし、「生命」はもうちょっと抽象的だけれど、言葉が立派すぎる。「生きもの」というのは単純な日本語ですけれど、英語にできないというのは、なかなかおもしろいでしょう。「発生学」という言葉は、英語で developmental biology とか embryology とか、相手によりますけれど、学術語としてあります。

だけど、歴史的に「生きものらしさ」がどうやって生まれてきたか、そういう言葉が英語にないというのは、私にとってはたいへんおもしろいところで、研究しがいがあるところなんです。どういう英語で表したらいいか、おまけに「らしさ」というと、もっとむずかしいでしょう。だから「生きものらしさとは何ですか」を見つけたい。

その基本が何か、はじめからわかっているわけではない。生きものらしさを研究しますと言って研究しているのではなくて、生きものを研究しているうちに、これが生きものらしさのあらわれの一つかと。それをつかまえて、さらに「らしさ」はどういう原因で出てくるか。発生学というのは、もとをたどればなんですか、物質でいえばなんですか、動作でいえばどういう動作がもとになっていますか、と。「ものらしさ」を研究するというときには、「生きものらしさ」がはじめからわかっているのではなくて、やっているうちに、ああこれが一つの現れか、と。「らしさ」にもいろいろありますね。

1　生物の自発性

生物の自発性というのも、生きものらしさの一つでしょう。人工の機械はスイッチを入れなければ動かないし、入れたらいうとおりに動く。それは人間が設計しているからそうなるのは当たり前ですけれど、生物は自分で動きたいように動く。それは生きものらしさの一つとして典型的な中身ではないかと、だんだんそういう考え方に到達して、そのもとを明らかにしたい。それがゾウリムシの研究からだんだん発展して、私の研究主題の一つになりました。

そうすると、自発性というのは一番下等な生物にすでにあるものだから、研究しているうちにヒトは特別でないとしみじみとわかります。はじめから脳の知的活動の研究をすると、ついヒトは特別であると思いがちでしょう。実際に脳の研究者はそう思っていますね。脳の偉い先生に、池に棲んでいる単細胞の微生物、ゾウリムシに自発性があるという話をしたら、びっくり仰天するんです。それが十年前の話ですよ。それまでそんなことも知らなかったのかと思いましたね。

2　ヒトは特別ではない

けれども、「生きものらしさ」という問題を立てると、ヒトは特別ではないということをしみじみと思います。西洋ではヒトはみんな偉いから、それをどうしても破りたい。もちろん知的活動はヒトにしかできないでしょうが、だからといってそんなに威張ることはない。それがかなり私の原動力になっているわけです。ゾウリムシはいろんなふるまいをするでしょう。そうすると、いちいちヒトとして思いあたる。あんまり違わないということが、そういう一コマ一コマでわかってくるんです。「生きものらしさ」というのは、私としての生物学であり物理学でもある典型的ないい方です。

ある文章に、「ヒトは宇宙の神がつくった最高傑作である」と書いてあった。そうですかねえ。最高傑作がこの地球をつぶすようなことをするはずがない。とても最高傑作とは思えないのだけれど、それが天下の大勢です、宗教もふくめて。このままだと人類は滅び、地球まで滅びる。

逆にいまは流行らないけれど、七〇年代は人間終末論というのが流行った。湯川秀樹さんもおもしろがっていたんです。ある時、ぼくらが集まっているところへ湯川さんがやってきた。七〇年ごろはまだお元気で、八〇年ぐらいに亡くなったのかな（八一年没―編集部）。それでひとしきり、「何年ぐらいまでもちますかね。二一〇〇年まではいきますかね」とか言って、いろいろ議論が盛り上がって、最後に湯川さんが、「こういう議論が一番おもしろいですね。そのころどうせ私はいませんからね」と。だけど最近はそのころもまだいるかもしれないから、あまり議論されなくなりました。

3　個体発生は系統発生をなぞる

子供が生まれる時——私は全然そういうことを勉強してるわけじゃないけれど——受胎して、胎児になって、新生児になります。あの期間に、昔から言われているように、個体発生は系統発生をなぞる、と。それで受胎してからの胎児の顔を見事に写生した人（三木成夫氏）がいるんです。魚になって、爬虫類になって、獣になって、これが二週間ぐらいでスーッと進んでいくんです。それでだんだん発達してきて新生児になるんですけれど、一人一人がヒトとなるために歴史をちゃんとくり返しています。そういう積み重ねがいまのヒトの中に反映してるはずだけれど、それがずっと後になってついた大脳皮質かなんか知らないけれど、そこばかりが重要視されている。

だから生きものらしさを生きもの全体で考えるというのは、ヒトが受胎からスタートするとすると、その一生をとっても同じようなものですね。初めから終わりまでずっと生きものらしさがあるか……どこで自発が起こりましたかという、そういう研究もけっこうおもしろいんですよ。だから生まれたあとのいろんな生きものの比較ということもあるけれど、一人一人がお腹の中で全部通ってきていますからね。そういうことまで考えると、けっこう生きものらしさの発生学はおもしろい。

生きものの子だから、もちろんはじめから生きものですけれどね。そのあいだに生きものらしさがだんだん発生してくるわけです。あれは、私にはえらいおもしろい。だからそういうことも入れて、生きものらしさのなかの一つの、いま西洋でいわれている「ヒトらしさ」ばかりを強調しては困るんです。生きものらしさという目で見ると、下からいうとバクテリアからヒトに至るまで、たくさん共通の生きものらしさがあるというか、その全体をつかまえてちょうだい、というのが一番言いたいことです。

4 「生きている」という「状態」

そしてゾウリムシの行動を記述する、記述の方法を考えたんです。ちょっとむずかしいけれど、キーポイントは「状態」という概念です。ゾウリムシ一匹がどういう状態でいるかという「状態」ですね。すべてはその生物の内部状態から、行動がでてくる。内部状態が行動を決めているのであって、自発も含めて。その内部状態は、外からいろんな刺激がくると変わる。

だから生きものが機械と違うのは、生きものは自分の状態で行動を決めていると、自発を含めて。外からの刺激にどうするかということを、みんな自分の状態で決めているんだということです。機械は、入力がきたらこういうふうに動くというのが決まっている。それは機械の中の状態というのは決まっているから、機械として動き方が決まっているからです。だけど、生きものはその時の自分の状態で行動する。自分の状態には、過去の歴史が全部入っています。だから「状態」概念が一番大事だ、と。

それで、生きているとはどういうことですかというのは、「状態」、生きている状態はどういうことですか、ということです。意識と無意識はどういうことですかというのも、意識のある状態です。気分がいいか悪いか、快か不快かというのも状態ですね。それから注意を集中するというのも状態ですね。ぼんやりしているというのも状態です。ぼくらは人間の言葉として使っているけれど、そういうものがすべての生物にある、と思っているわけです。

歴史をふり返ると、二十世紀より前は、生きものにたいする質問はだいたい「状態」だった。寝てるか覚めてるかとか、ぼんやりしてるねとか……。それが二十世紀に入ってから話がえらく具体化して、物質の話になった。物質の構造はこうで、反応はこうでとか。よく構造と機能といいますけれど、質問が転換したのは二十世紀の半ばからです。だから私のいい方では、別の目で見ると、質問は前世紀に帰れ、と。

まさに「生きものらしさの発生学」です、下等生物からヒトに至るまで。一番好きな言葉は、「段階はあるけれども、断絶はない」。進化では、バクテリアからはじまってゾウリムシにいく。ゾウリムシというのは一匹が一つの細胞、すなわち単細胞で、ぼくらは多細胞です。多細胞になって植物も動物もだんだん進化してくる。ゾウリムシはそういう単細胞のなかではもっとも高級で、もっとも威張っているはずです、池の中で一番栄えているから。だけど、そのゾウリムシからヒトに至るまで、生きものらしさにおいて段階はあるけれども、断絶はない。それが身にしみるわかり方をしてほしい。

聞いている人があんまり違わないなと。身にしみるわかり方というのは、頭の中のわかり方ではない。ゾウリムシのふるまいを見ていると、いちいち人間に思い当たります。もちろんゾウリムシは字は書かないし、本も読まないけれど、それは人間がそんなに自慢するほどのことでもないでしょう。だってこれが生物界全体で何の役に立ったかというと、そんなに役に立っていそうもない。

とくに最近は、テクノロジーが発達しても、生きもの全体にとってそんなにプラスになっているとは思えない。人間の贅沢としてはプラスになっているけれど。そういうものをはずして、「生きものらしさ」という観点で研究すると、大差がない、というところが、とてもおもしろい。

1 ゾウリムシのこと

1 〝生きものらしさ〟を痛感した、ゾウリムシについての初めての実験

私は一九四四年に大学を卒業して、名古屋大学理学部の助手になりました。そしてその

後ずっと、コロイド、高分子、筋肉タンパク質、そしていろいろな動物・植物のメカニズムについて、分子論的研究をしてきました。

ところがそれから二十数年後、大阪大学の基礎工学部に、一九六七年に創設された生物工学科にも、私の研究室を作ることになったのです。新設の学科なので設備もなく、金もない。新しい学生が毎年四十人入ってくるという。とりあえず学生実験の準備をしなければなりません。そのとき新任の助手となった太和田勝久さんが、私に「ゾウリムシの実験をしましょう」と言いました。ゾウリムシなら大学の池にいるし、単細胞生物で小さいけれど、虫メガネで見えます。安い顕微鏡を学生の数ぐらい用意することはできる。

ゾウリムシについては、ジェニングスという人の厚い本(一九〇六年)があって、ゾウリムシのことなら何でも書いてあるんですが、その本の中に、ゾウリムシを矩形状の浅い水槽に入れて水槽の片端を二五℃にし、他端を二〇℃にすると、ゾウリムシは泳ぎながら次第に二五℃の方に集まってくる、ということが書いてあった。片端を三〇℃にし、他端を二五℃にすると、やはり二五℃の方に集まる、という図が描かれていたんです。そこで、水槽の両端をそれぞれ、二〇℃と三〇℃にして、途中に温度勾配をつけて、水槽の中央を

ゾウリムシのいる池

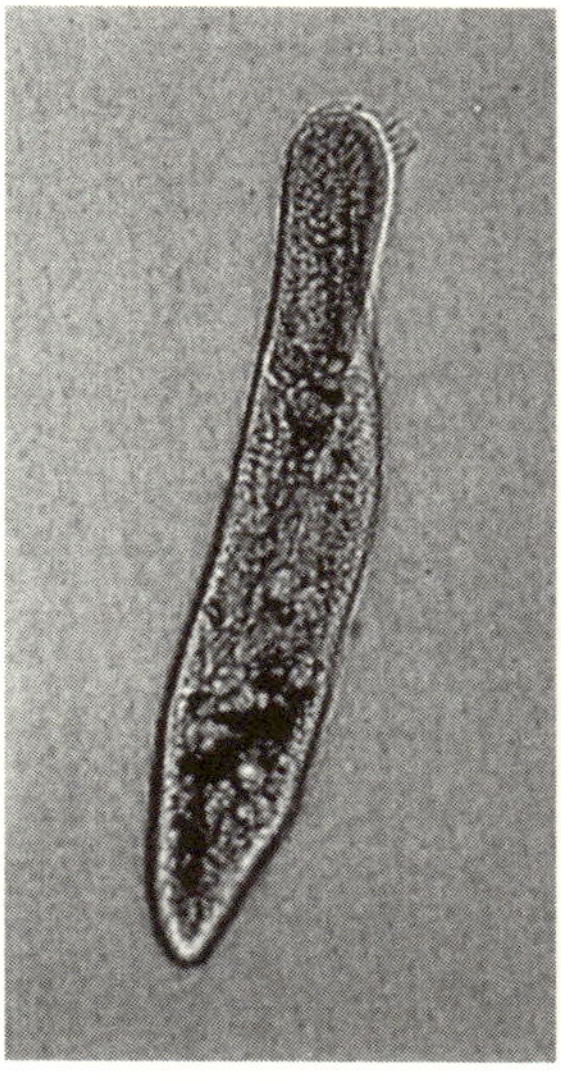

ゾウリムシ

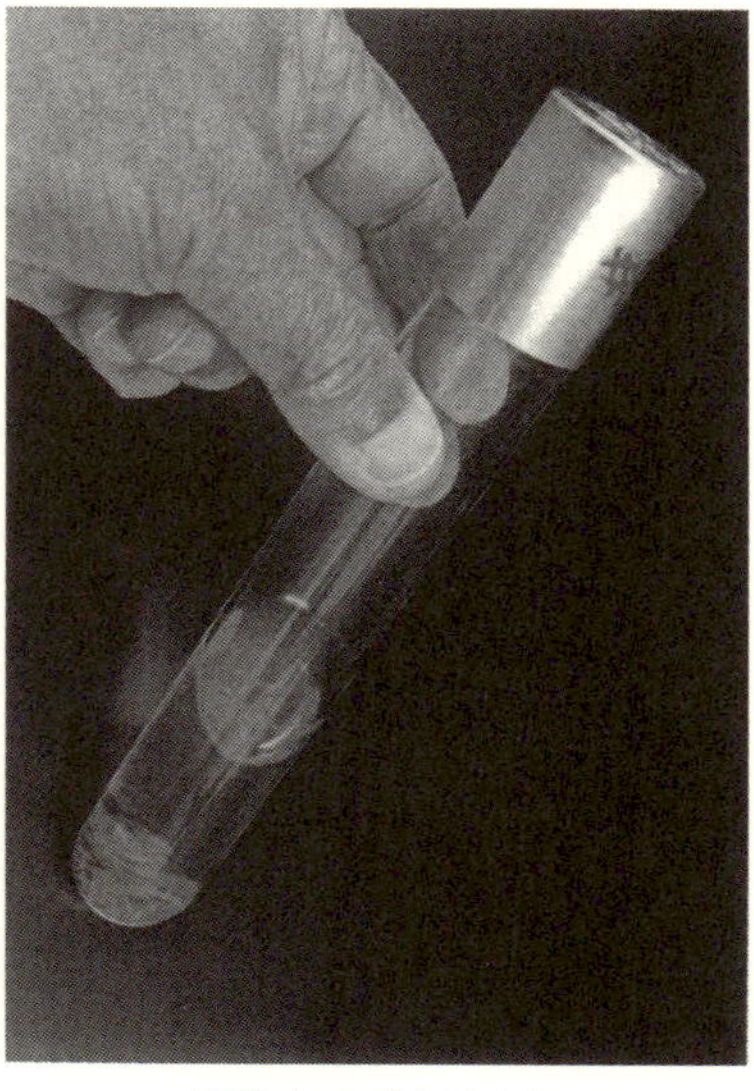

培養中のゾウリムシ

＊中岡保夫氏提供

二五℃にすると、彼らは中央付近に集まってきました。どういう泳ぎをして、ゾウリムシは二五℃のところに集まるのか？　集まるためには、各ゾウリムシは泳ぎながらその場所の温度を感覚することができるにちがいない、そうだとして、温度によって泳ぎ方をどのように変えて目的の温度の場所へ来るのか、調べようと思いました。

いちばん単純に考えたら、あちこち泳ぎながら、ゾウリムシはまわりの温度が二五℃であると感じると、そこで止まればよい。各ゾウリムシはそれぞれ二五℃の場所をみつけて止まる。ゾウリムシは二五℃に集まることになる。止まるというのは極端だけれども、そこで速度を下げればいい。

このやり方が本当かどうか、次のような実験をしました。二〇℃から三〇℃に至る温度で、例えば二℃の間隔で、温度の少しずつちがう小さな水槽を並べて、そこに二五℃においてあったゾウリムシを少しずつ入れます。そして各水槽のゾウリムシの泳ぐ速さを測る。速さの測定には、水槽の底をガラスばりにして、下に目盛の入った透明な方眼紙をおき、下から照らして顕微鏡で見ながら、ストップウォッチで一ぴき一ぴき、ゾウリムシの泳ぐ速さを記録することにしました。ある距離をまっすぐに泳いでいるときの速さを採用

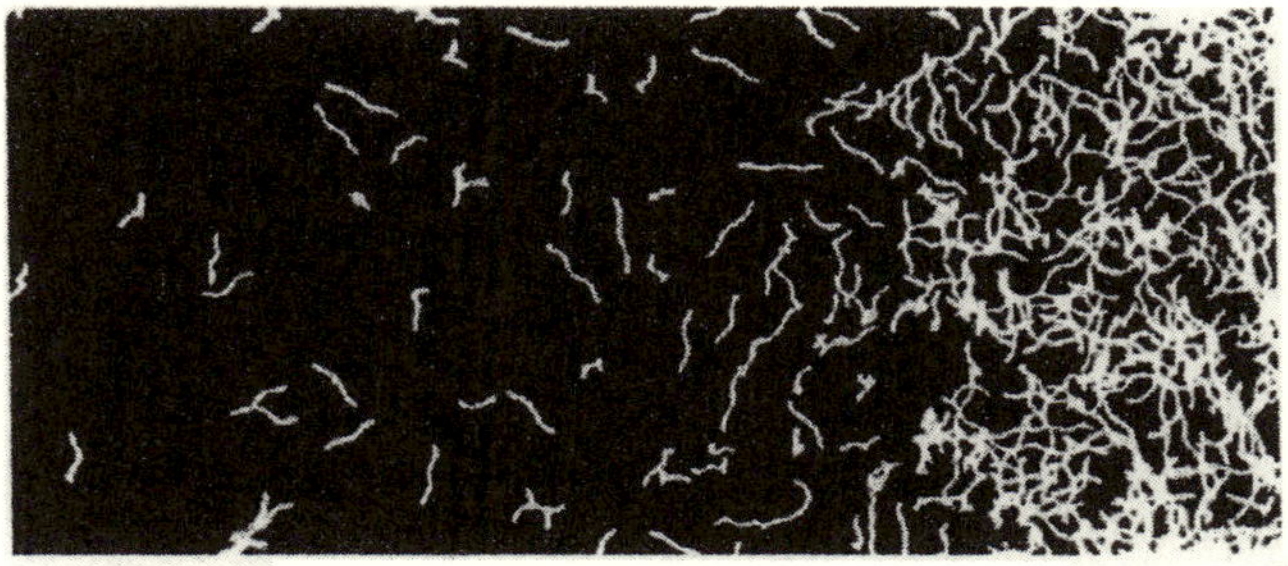

適温の25度に集まるゾウリムシ

し、途中で曲がったときの速さは採用しません。

この測定の結果、泳ぐ速さは二五℃で最高でした。温度が下がると、速さは急に落ちます。温度が二五℃より上がると、速さは少しずつ下がる。つまり、集まる温度で速さが最高、期待とは逆になったのです。この結果の報告をうけた私は直観的に、これこそ〝生きものらしい〟と感動して、大喜びしました。やっぱり、快適な温度では最高の速さで泳ぐものです。われわれヒトが快適な環境では〝ねころんで〟いるというのは、本来の生きものらしさではない。ヒトに余分にくっついた性質ではないでしょうか。古代人なら、走りまわり、おどっていたのではないか。

最も速く泳ぐのに、そこに集まるのは、どういう泳ぎ方をするからなのでしょうか。

もし研究者に、ゾウリムシの集まった結果だけを見せて、このような能力のある機械かロボットを作れといったら、彼はロボットに温度感覚器をつけ、二五℃を示したら直ちに停止するようなロボットを作るでしょう。でも、現実のゾウリムシは、そのようなロボットとはちがいます。ゾウリムシは、〝生きものらしさ〟の見事な例を、わたしたちに見せてくれているんです。

この、ゾウリムシについての最初の実験は、私に大きな動機を与えてくれました。〝生きものらしさ〟のみなもとを探りたい。そしてじっさい私は、これ以降、ゾウリムシを手がかりにして、〝生きものらしさ〟について多くを学ぶことになるのです。

ここで、泳ぐ速さが一ばん速いのに、どうして二五℃に集まることになるか、についてひとこと。その後の実験によると、ゾウリムシは温度勾配の中を泳ぎながら、いま二五℃から離れていくことを知ったときは、泳ぎの向きを変えようとします。逆に、二五℃へ近づいていくときは、あまり泳ぎの向きを変えず、そのままっすぐ泳ぎつづけようとします。いずれにしても、ときどきは向きを変えるのですが、向きを変える動作をさかんにおこすか、なかなかおこさないかのちがいなのです。あるいは、種類のちがうゾウリムシでは、二五℃から遠ざかるときは速度を落とし、二五℃へ近づくときは速度を上げる。そうすると、結果として、両側から次第に二五℃へ近づくことになるのです。

別のいい方をすると、ゾウリムシは適温二五℃の場所をすいすいと通過し、行きすぎると向きを変えて、二五℃の方へ戻ってくるんです。どちらにしても、方向変換は、自発性をもとにした確率的現象なので、すべてのゾウリムシが二五℃に集まるとは限らないことになる、というわけです。この話のつづきは、また後でしましょう。

2　ゾウリムシの実験

(1)　ゾウリムシを飼う

私は阪大、名大を辞めた後、愛知工業大学で講義と生物実験を担当していました。応用化学科で、百人からの学生がいます。それでも共同実験ではなくて、必ず一人ずつ別々に実験しなければいけません。

そこでぼくがゾウリムシを用意して、ゾウリムシを増やす実験からはじめます。皆さんにもぜひやってほしいですね。まず畑へ行って、去年の稲のワラを切って、ワラの煮出し汁を作って、さまして放っておきます。ゾウリムシの餌はバクテリアです。このへんにいっぱいいるバクテリアが入って、ふえます。そのワラの煮出し汁にゾウリムシを入れて、そこまでぼくが用意しておいて、百人に分ける。各学生が五百ccのペットボトルいっぱいぐらいを家へ持って帰ります。

家へ持って帰ると、それぞれのお母さんの反応が違います。こんな汚いものを持ってきて、部屋へ入れないで玄関先に置いてくれと怒るお母さんが、百人のうち十人か二十人は必ずいます。私はお母さんの反応を聞きたいのです。そして一週間後に何匹になっていますか、と。それは学生によってえらく違います。一万匹というのと、五百匹というのと、全滅しましたというのと。それはべつに熱心さと関係なくて、性が合わないから、というのが私の解釈です。

ゾウリムシの数はどうやって数えるか？　何ccか取って、そこに十匹いるとしたら、あとは掛け算をすればいい。もちろん先生はそんなことは教えないで、みんなに「勘定しろ」と言うだけで放ってある。それでも賢い人は何回か繰り返して平均をとって、その後、掛け算します。ゾウリムシを平たい容れ物に入れて、下に黒い紙を敷いて、横から電灯を当

ゾウリムシの水槽全体の温度を25℃から急に20℃に下げたときのゾウリムシの泳ぐ軌跡を示す。
左：25℃、右：20℃へ下げた直後。

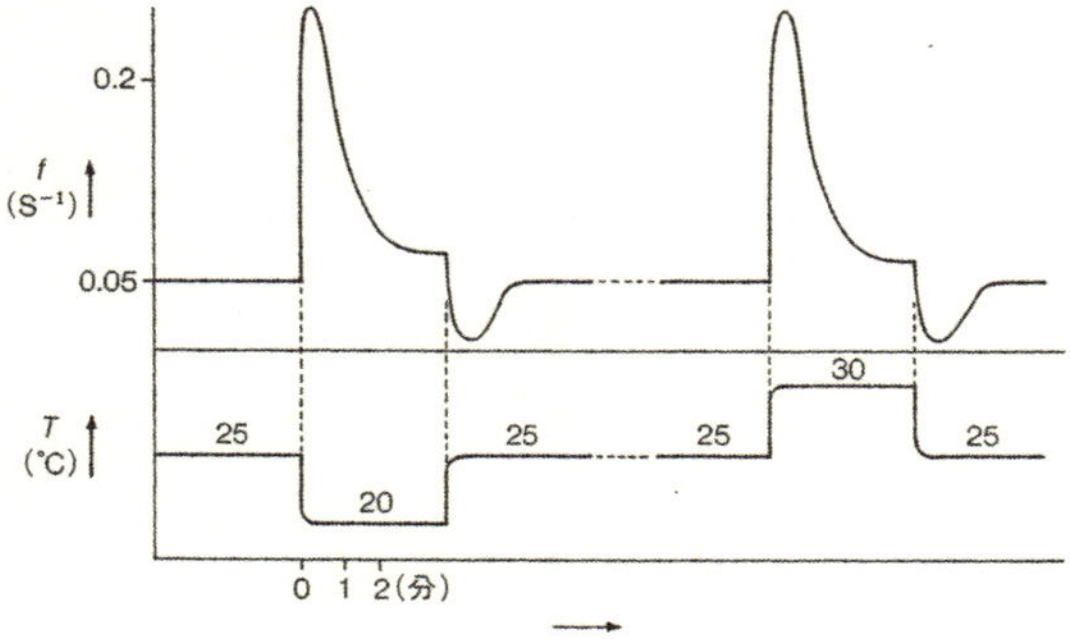

ゾウリムシの水槽の温度を急に変化させたときの、ゾウリムシの方向転換頻度の変化

てると、ピカッと光るから、虫眼鏡がなくても見える。ゾウリムシがあちこち泳いでいる、そのあちこちがいかにも自発的なように見えるんです。そうして一匹一匹見ると、めったに方向変換しないのと、ちょこちょこやってるのがいて、せかせか型とゆったり型がいるんです。人間もそうだなと思うでしょう。そういう実験を自発性の研究と称していろいろ

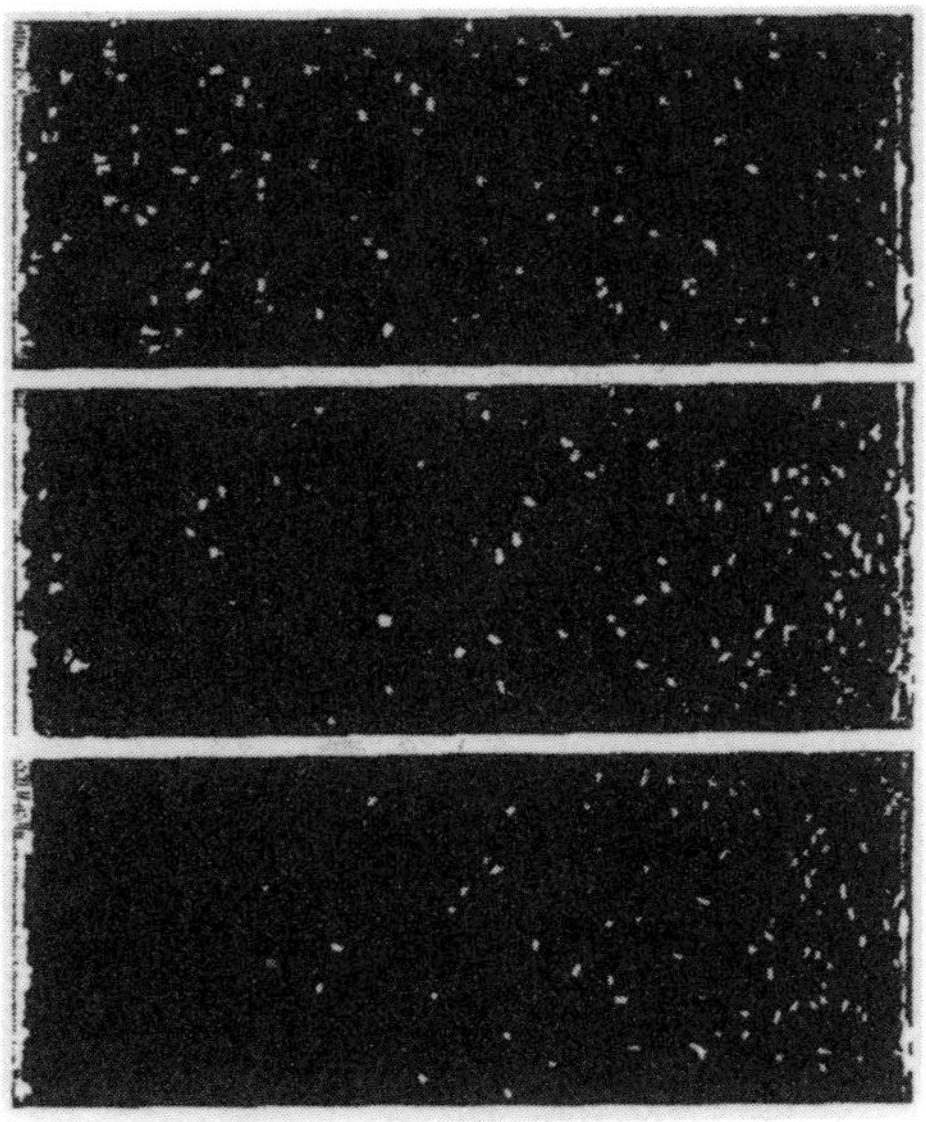

ゾウリムシが適温に集まるところ

この実験では、水槽の左端を 20℃、右端を 22℃にしてある。上はゾウリムシを水槽に入れた直後と、中の図のように次第に 22℃の方へ集まってくる。約 2 分後には、下のように 20℃付近にはほとんどいなくなる。(中岡保夫氏らによる)

やるんです。

（2）ゾウリムシの観察――行動と温度差

これは、二五℃で飼われていたゾウリムシを三〇℃に移しました、という実験です。一番上の絵で、三〇℃に移しまして、その後、ずっとヨコ軸を時間にしまして、次のまん中の絵は、タテ軸をあちこちする頻度、さかんにあちこちするか、あんまりあちこちしないかという。で、温度を変えたときに、三〇℃が熱すぎるから、二五℃のところを探しにいこうというので、さかんにあちこちするんですが、どこへいっても三〇℃だということになれば、しょうがないからといってちょっと落ちついたと。落ちついたけれども、二五℃のときよりはまだせかせかしている。だからちょっと微妙なところですから、倍ぐらいあちこちします（図「ゾウリムシの培養温度の記憶」）。

三〇℃に移してすぐに、下に箱が書いてありますけれども、二五℃と三〇℃に温度差があるような水槽の中にゾウリムシを入れると、二五℃のほうに集まってきます。三〇℃において、三〇分たってからこの実験をすると、二五℃に集まってきます。ずっと三〇℃に保って、二時間ぐらいたってから同じ水槽に入れますと、三〇℃に集まってきます。だから三〇℃を自分の温度の適温と、住み慣れた温度を変えたわけです、自分で。もうずっと三〇℃らしいぞ、じゃあまあ三〇℃がいいということにしようと、完全に適応した。とりあえず適応したのから、完全に適応した。そうしますと、まん中の絵でありますように、あちこち動く頻度が下がりまして、一番最初と同じになります。どこへいっても三〇℃にいれば安心だというわけで、あんまりせかせかしなくてもいいやという状態になります。

それを時間で並べますと、温度をパッと変えたときに興奮して、三〇℃のところから逃げだそうというので、さかんにあちこちいきます。だけど、どこへ行っても三〇℃だというので諦めて適応します。それが一分ぐらいかかりますので、百秒ということになります。で、そのまま、一万秒というのは約二時間半ぐらい、一万秒ぐらい、その場合は三〇℃にいますと、三〇℃というのを覚えまして、新しい三〇℃に完全に適応します。さっきのはとりあえずの適応だったんですが、今度は一番いいというふうになります。

そこで大事なのは、細胞の中にはいろんな情報処理システム、つまり温度を観察して何度ですかという情報を処理するシステムがあったり、自発的に方向変換するシステムがあったり、運動の機械があったり、代謝系がありますね。ゾウリムシの細胞の中にそういうのをまとめている中枢があるのではないかというのは、私の想像です。証明はありません。それで中枢はどういう役目をしてるかというと、内部情報を集約し、細胞の状態を評価

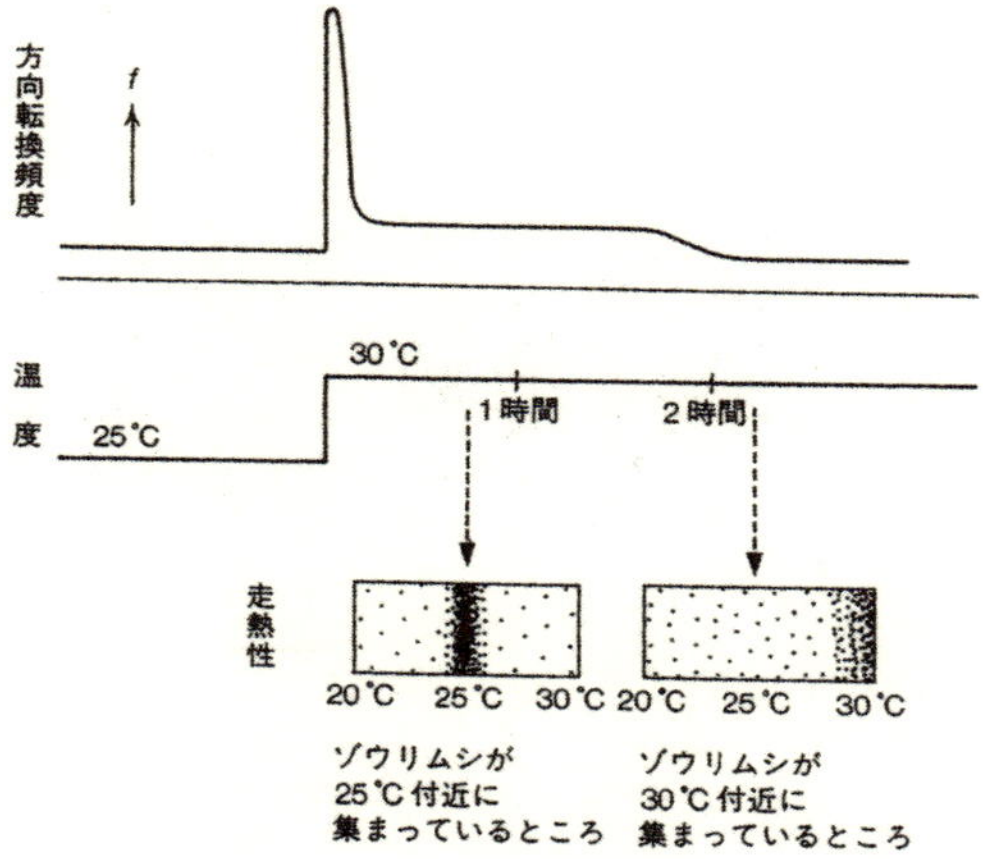

ゾウリムシの培養温度の記憶

培養温度を変えた後の方向転換。頻度の変化(上)、集まる温度の変化（下)。

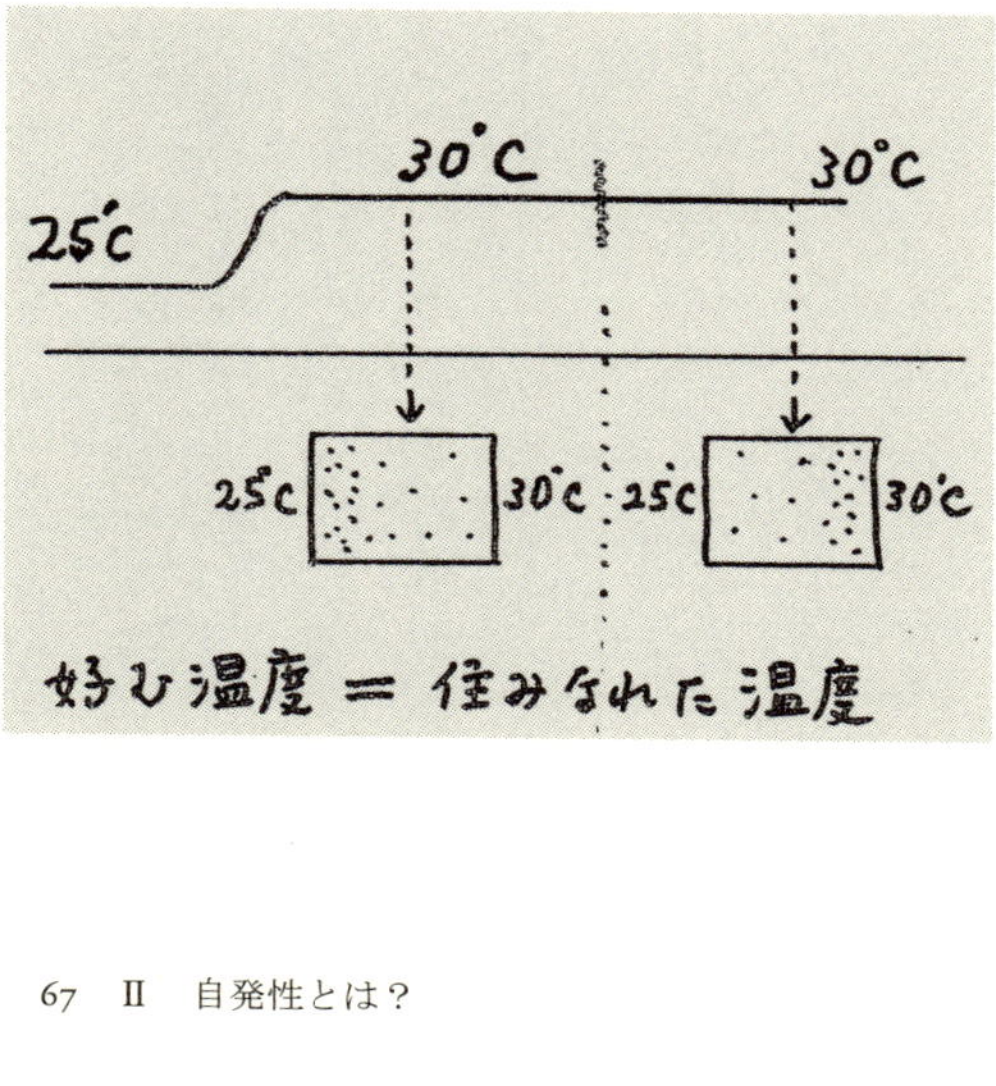

し、各システム、機械の性能を制御する。細胞の状態を評価するというのは、自意識を持つということではないかと、そういう意味です。それでそれがあんまり調子がよくない、たとえば各機械の性能にアンバランスがある。そういう場合は各機械の性能をちょっと、性能のパラメーターを変える。そういう操作をしないといかん。あるいは新しい環境に適応しようとすると、体の中の機械を全部新しい温度で適当に、一番よく働くように反応のパラメーターを全部調節しないといかん。という命令を中枢が出すのではないか。そういうのが私の考え方ですが、いまだ証明はありません。

なぜそういうふうに考えるかというと、たとえば三〇℃に集まるようになります。そうすると、三〇℃で一番うまく体の中が働かないといかんでしょう、いろんな反応が。食べものの消化が一番いいとか、排泄も順調にいっているとか、いろんな体の中の反応とか、なんとかが全部うまいこと三〇℃に合わせてから、温度の感覚を三〇℃に合わせないといけない。温度の感覚を、集まれという感覚を三〇℃に早く合わせすぎると、まだ体の中は二五℃に合っていたとすると、三〇℃に集まったらいかんですね。だから物事には順番があるので、そういう順番を決めるには中枢が必要ではないかなという、そういうアイディアです。そういうのを総合して意識というのではないかと。そういうことが意識するということではないかなと。

自分で自分の体の中をうまく順序立てて、機械の部分部分の状態を制御して、全体の状態をうまいことまとめるという、そういう状態、状態にも階層がありまして、最後の目的は細胞全体の状態が調子がいいという、調和が取れていると。調和をめざすのが最終目的ですね。全体が調和するためには中枢があるのではないか。で、物事には順番があるのではないかと。そういうアイディアです。中枢はまだ発見されておりません。だけど状態論からいうと、これはあってもいいのではないかなと。バクテリアにもあるかもしれない。バクテリアも最近の研究で、どんどん複雑になっているんです。できそうもないことをやるようになっているんです。

(3) ゾウリムシの観察――自発性

もう一つ、教育的におもしろい話があります。これは実験事実で、実験したらこうなったという話です。ゾウリムシなどの単細胞生物の自発性です。自発性は個体差が大きいというのは、まあまあ一般的な事実です。これはバクテリアでもそうです。バクテリアではDNAがまったく同じ集団をつくることができます。遺伝子はまったく同じ集団でも、自発性に関してはえらく個体差が大きいのです。

二番目、自発性はおおぜいいると大きく、少ししかいないと小さい。おたがいにぶつかるほどおおぜいではなくて、それぞれの距離はかなりあります。一ccに十匹のときと百匹のときを比べると、百匹のときのほうがあちらこちら忙しそうに泳ぎます。極端な場合、一匹だけだとほとんど曲がらないでスーッといく。けれども十匹いると時どき曲がるし、百匹いるとおおいに曲がる。それはぶつかるから曲がるのではないんです。個体差が大きいというのは、あちらこちらに激しく、せかせかしているゾウリムシと、ゆったりとしているゾウリムシの性格のちがうゾウリムシがいます。そうか、ヒトもそうだなと。

ぼくのその話を聞いていた心理学の先生が、パッといいました。つまり、友だちがいないと自発性が低くなる。「ああ、うちはひとりっ子だからあかん」と鋭い反応をした。おおぜいいるほうが自発性が大きく、少ししかいないと自発性が少ない。思い当たるでしょう。仲間がおおぜいいるほうが自発性が増える。おたがいに似てくるのではなくて、むしろ似なくなるんです。自発性は個体差を成長させるといわれますからね。少し悪い環境に入ると自発性は大きくなる。これももっともらしい。どうもだんだん先生風になってきましたね。それで今度は思うわけ。人間とよく似てるなと。そういうことが私はおもしろくてしょうがない。皆さんもその程度の実験はできますから、子供さんでも孫さんでもいい、けっこうおもしろいですよ。で、おとなは、「ああ、うちの子にそっくりだ」と。見事なものです、いちいち思い当たるから。

自発というのは、あちらこちら泳ぐという、あちらこちらが自発ということです。まっすぐにではなくて、あちらに行ったりこちらに行ったり、方向変換しながらあちらこちら行くのが自発の中身です。なんであちらこちらに泳ぐのかといっても、われわれはゾウリムシ本人にきけないからわからない。だけど、われわれの解釈は、一様でなく常に変動する自然環境で、棲みよい場所を探すのに必須の行動である、と。どこが棲みよいかを探索しているわけです。スーッと泳いでいるだけでも、くるくる回っているだけでもいかんのです。自然界に棲んでいるときは、どこに餌があるか、どこが気持ちのいい場所か、探さないといけないでしょう。だからつねにあちこち探索しているわけです。たとえば、ここは快適だ、餌がたくさんあると思ってそこで止まると、餌がなくなり、温度も変わります。そうするとそこは最適でなくなるでしょう。だから止まっていてはいかん。つねに広めに探索しないといかん。それもなかなか教育的なんです。現状がいくら気分がよくても、そこで寝ていてはいかんと。なるほどと思い当たる。

(4) ゾウリムシの快適さ

ゾウリムシが生きられる温度の範囲は、一五℃から三五℃ぐらいまでです。たとえば、二五℃でゾウリムシを飼っておくと、棲みなれて二五℃がよくなるんです。それで実験室でやるときは、左はちょっと温度が低い二〇℃、右は三〇℃にしておくと、二五℃のところにだんだん集まってくる。そして快適な二五℃で飼っておくと、気分がいいからスイスイと水槽の中全体を泳ぐ。それを突然二二℃ぐらいにすると、寒くなったのがパッとわかってあわてだす。どうするかというと、隅っこへ逃げる。もっといいところがないかと思って隅まで行ったけれども、まだだめだ。もうしょうがないとあきらめ気味になるでしょう。そこで二五℃に返すと、まん中にさっと出てくる。それがいかにも気持ちよさそうに泳いでいるんです。

それで二五℃で飼っていたやつを三〇℃に移すでしょう。そうして三〇℃に移したまま次の日に実験すると、もう三〇℃のほうに体を合わせて棲みなれている。だから今度は三〇℃に集まるように変わっているんです。

そういう話をすると、必ず聴衆のだれかが、何時間おいたら新しい温度を覚えますかと質問する。それは二、三時間です。ゾウリムシは二十時間ぐらいで一匹が分裂して二匹になるから、一生はだいたい二十四時間ぐらいです。たとえば、ぼくが北海道へ引っ越して、当初はこんな寒いところは嫌だと思っていても、何年ぐらいたったら北海道がよくなるか。私の想像で七、八年だとすると、ゾウリムシの比率とだいたい合うんです。二、三時間は二十四時間の七分の一でしょう。人生五十年、七十年でもいいんですけれど、だいたい七年です。

(5) ゾウリムシの記憶

それで四年生の学生が、三〇℃を覚えこんだゾウリムシをすりつぶして、二五℃で飼っているゾウリムシの水槽の中へそのすりつぶした液を入れると、二五℃のゾウリムシは三〇℃がよくなるのではないか、と。そういう話が当時流行っていたんです。それにはネズミの実験があって、ネズミは暗いところが好きだから暗いところへ行く。ネズミが暗いほうへ行くと電気ショックを与えて、明るいほうへ行くとショックはない。それを何回も練習すると、暗いほうへ行くとあぶないから明るいほうへ行く。そのネズミをすりつぶして、練習をしていないネズミに注射すると、はじめから明るいほうへ行くという、そういう論文が出たんです。その論文には、「この結果は信用できないけれど著者がいうから仕方なく載せる」という断り書きまでつけて出たんです。

それを学生がゾウリムシでやってみたんです。私をはじめとして先生たちはそんなことは起こるはずがないと思っていた。そうしたらやはり全然効かなかった。そこで止めたら終わりだけれど、その学生は賢かった。二五℃のゾウリムシを三〇℃に移したとたんに、かねて用意した三〇℃を覚えたやつから取った汁を入れたら、三時間かかるのが二、三十分ですんだ。次の年の学生がもう一回同じ実験をやったらそのとおりになった。またその次の年もそのとおりになった。そこで先生が立ち上がって、じゃあ、ぼくがやろうといって、三〇℃に移したゾウリムシが三〇℃を覚えたころに、すりつぶさないでその培養液だけを入れると効果があった。

そこまで先生がやって、それならそれは何か分泌しているのではないか、と。新しいことを覚えようとするときに、記憶のための物質を分泌しているということになる。そうしたらおおぜいいるとたくさん分泌して、少ないとあまり分泌しないから、液が薄いでしょう。だからそれを与える与えないは別にして、二五℃から三〇℃に移したゾウリムシがおおぜいいるときと、少ししかいないときで、記憶に何分かかるかという実験をしたら、見事におおぜいいるときに早くなった。

これは思い当たる。これは学生に話すのに、二五℃にいるままで三〇℃のやつを頂戴しても三〇℃は覚えられない。三〇℃の場所へはちゃんと行かないかん。そして仲間が同時におおぜいいたほうがいい。おたがいに刺激しあって知らせあうから。

そうすると教室の話と同じではないか。教室に行かずに覚えようと思っても無理だ、みんな教室に行けと。少数学級というけれど、ある程度おおぜいのほうがいい。二、三人で勉強するほうが能率が上がるかと思ったらそうじゃない。おたがいが刺激しあうことに効果がある。おたがいの刺激のほうが効果があって、先生の効果はあまりないというか……たいしたことはない。

そうすると、また教育的な話になってくる。現場に行かないと覚えられない。現場にいるときにはおおぜいが覚えようと思って行かないといけない。その場合はおおぜいのほうがいい。液を少ししか出さないゾウリムシと、たくさん出すゾウリムシといるだろうけれど、悪いやつはだれもいない。悪い友だちはいない。なかなか教育的でしょう。

それでも最後まで覚えられないのも、また見事にいるんです。それがまたいい話でね。三〇℃が覚えられなくて、三〇℃に行けずに二〇℃のほうにおるやつがいる。そういう落ちこぼれは必ずいるんです。けっしてひと所にぎゅっと全員が集まることはないんです。落ちこぼれは、ついに向こうが三〇℃だということに気づかずじまいです。でも、それをけなしたり、そんなものはなくしたほうがいいと思ってはいけない。

それには生きもの的な意味がちゃんとあるんです。突然、二〇℃のほうへ餌がくるかも知れないでしょう。あるいは天変地異が起こって、三〇℃のところは地震で壊滅して、二〇℃が生き残るかも知れないでしょう。自然環境はいつ変わるかわからない。実験室なら

【まとめ】 生きものらしさ　“自発性”の特徴

自発性は個体差が大きい

おおぜいいる方が自発性が大きい
（少ししかいないと自発性が小さくなる）

自発性は個体差を大きくする
（個性）

おおぜいいる方が新しい環境をはやくおぼえる
（はやく適応する）

↓

なかまはすべてプラスになる！

いいけれど、自然環境はいつどうなるかわからないでしょう。ちゃんと落ちこぼれを用意してある。「用意して」というのは、つくったわけではなくて、自然にそうなっているだけの話だけれど。その落ちこぼれの一匹を拾ってきて、もう一回実験したらまた落ちこぼれるかどうかはわからない。だから生きものは、やっているうちに思い当たることがいっぱいあります。

さっきの分泌した液というのは、翌日はもうだめで効果はなくなります。だいたい五時間ぐらいで効果はなくなります。それは新鮮なものでないとだめなんです。だから先生が昔むかし覚えた話をいまの生徒にやっても効果はない。先生も勉強しないといけない。

全部をふくめて全体が生きものらしさです。集まることは生きものらしさの一つの面だけれど、落ちこぼれがあることも一つの面です。だから全員に働けというのはむりなんです。十人いたら三人ぐらいは先生と関係なくやっているほうが健全です。それをむりやりやって、その人たちをのけ者にしたら、そのほかの七人のうちから、そういう人がまた二、三人出てくる。だからこれはバランスをとっているのです。だから完璧を希望してもだめなんです。先生も毎日勉強してこないといけない。昔は勉強してこない先生がいたけれど、いまはどうですか。いちいち思い当たるところがおかしい。

(6) 研究室と自然界

ちょっと話は違うかもしれませんが、特殊なネズミで、母ネズミとその尻尾にぶらさがった子ネズミが七、八匹つながって行動するという、そういう種類のネズミがいます。子供が生まれて一週間か二週間かはそうやって、いつもみんなでつながって移動する。それを実験室で容れ物を作って、一日に何回やるかと実験した人がいるんです。そうすると生まれて何日目ぐらいが一番よくやる、と。バラバラにいることもあるけれど、一列に並んで日に十回ぐらいは回っているという、きれいなデータがでてくるんです。それで調べている人はおおいによろこぶのですが、おもしろいのは、同じネズミの同じセットで実験室外でやる。そうするとこんなにきれいなデータにならないんです、なぜか知らないけれど。ですから、生物の実験をするときは、いつも実験室の実験で満足してはいけない、自然環境ではどうですか、と問わなければならない。

けれども、とくに現在の物理学はそれを問わないんです。たとえば、名前だけは聞いているでしょうけれど、高温超伝導体が発明されたというでしょう。それまでの超伝導はもっと低い温度でないと超伝導にならなかったけれど、最近は高い温度でもなるのです。十年ぐらい前に発明された。これとこれとこれをどういう割合で混ぜて結晶をつくると、そういうものができる。それをやった時に、「自然界では」という問いはださないでしょう。人工物そのものだからです。

だけど、生物ではそうはいかない。生物を相手にするときは必ず「自然界ではどうですか」と問わなければならない。大きい研究所にはだいたい実験動物センターというのがあって、ネズミひとそろいを飼っているんです、ほかのもね。そこから出してきて、みんなが使うでしょう。だけどそういう生物は、同じ種類で遺伝的に同じものでも、ひと月、外で暮らさせてから実験室にもってくると、違うデータになってしまいます。だから生きものをやるときには、必ず問わなければならない、「自然環境ではどうですか」と。いまの物理はほとんどいわなくてすむ、昔は問うていたはずですけれどね。そうするとまたおもしろい発見がでてくるはずです。

〈付記〉生きものの実験のむずかしさ

生きもの一ぴき丸ごとで何か実験をするには、実は大へん苦労がいります。ゾウリムシのときは、実験室で培養したものを使います。先ほど言ったとおり、大学の池から採ってきて、その道の古典に書いてあるとおり、レタスの葉を乾かしてその煮出し汁を使い、その中にゾウリムシを入れるのです。えさのバクテリアはあたりの空中から入って来てふえます。それにつれてゾウリムシもふえる。そのゾウリムシを実験に使う。そして例えば適温に集まるのを観察しました。この実験をしていた大和田さんが転出してからは、中岡保夫さんがゾウリムシの実験をしました。

郵便はがき

料金受取人払

牛込局承認

8643

差出有効期間
平成31年1月
14日まで

162-8790

（受取人）

東京都新宿区
早稲田鶴巻町五二三番地

株式会社 藤原書店 行

ご購入ありがとうございました。このカードは小社の今後の刊行計画および新刊等のご案内の資料といたします。ご記入のうえ、ご投函ください。

お名前	年齢
ご住所 〒 TEL　　E-mail	
ご職業（または学校・学年、できるだけくわしくお書き下さい）	
所属グループ・団体名	連絡先
本書をお買い求めの書店 市区郡町　　書店	■新刊案内のご希望 □ある □ない ■図書目録のご希望 □ある □ない ■小社主催の催し物案内のご希望 □ある □ない

書名		読者カード

●本書のご感想および今後の出版へのご意見・ご希望など、お書きください。
（小社PR誌『機』に「読者の声」として掲載させて戴く場合もございます。）

■本書をお求めの動機。広告・書評には新聞・雑誌名もお書き添えください。
□店頭でみて　□広告　□書評・紹介記事　□その他
□小社の案内で　（　）（　）（　）

■ご購読の新聞・雑誌名

■小社の出版案内を送って欲しい友人・知人のお名前・ご住所

お名前　ご住所 〒

□購入申込書（小社刊行物のご注文にご利用ください。その際書店名を必ずご記入ください。）

書名　冊	書名　冊
書名　冊	書名　冊

ご指定書店名　住所

都道府県　市区郡町

あるとき、実験室にたまたまあった荒縄を使って、その断片の煮出し汁をレタスの代わりにしました。はじめはうまくいったように見えたのですが、いつかワラの汁を使っては、適温に集まらなくなったのです。レタスにあってワラにはないものは何かを調べようと、いろいろの薬、アミノ酸とかビタミンなどを買ってきてワラの汁に入れて調べました。結果は、ビタミンBが有効であることがわかりました。ゾウリムシ研究の先輩にきいたところ、うちではいつもビタミンを入れてます、という答えであった。そんな話は論文には書いてありません。

ところが不思議なことに、そのうちにビタミンを特に加えなくても、すべて実験がうまくいくようになったのです。ゾウリムシの種類が知らないうちに変わったのでしょうか。ゾウリムシの権威である故樋渡広一博士にたずねたら、私たちの使っているのは〝ふつうのゾウリムシ〟(種の名前)のシンゲン4番である、とのことであった。これと同じグループの中に百種以上ありますといわれて、びっくりしました。その内のいくらかがビタミンBを要求するのでしょうか。ゾウリムシといえばすべて同じように行動するというわけではないのです。

現在は、私が近くで見ていたころとちがって、ゾウリムシの培養に入れるえさであるバクテリアもはっきりした名のある特定のものを使っているし、培養液もワラの煮出し汁というわけのわからないものではなくて、化学的組成を決めた各種イオンを含む一定の液です。ずいぶん実験も進歩したものですね。

その代わり、私たちにはおもしろく思えるビタミン物語も消えてしまった。実験というものはいつも本当であるから、そこから何か新しい発見の芽が出てくるかもしれません。

（談）

2 「ゆらぎ」について——自発の源

1 「ゆらぎ」の研究のはじまり

私が「ゆらぎ」の仕事を本格的にはじめたのは、一九七〇年のことであった。

最初は溶液中のイオンの運動によるまわりの電場のゆらぎから始まって、もっと巨大なイオンのまわりの電場のゆらぎ、そしてたくさんのイオンの運動する細胞内あちこちの電場のゆらぎ、細胞の膜近辺のゆらぎへ、細胞の各場所の小さな空間、時間の場のゆらぎから細胞全体のゆらぎへ、その細胞内外の場のゆらぎが細胞の行動にどのような影響を及ぼすか、「細胞にとってその意義は」と議論を進めた。理論の各段階で新しい基礎の明確な表現をえて、自分ではけっこう満足した。

しかし、七〇年の論文の発表以来、このラインの仕事はほとんど研究者たちの注目をひかなかった。一体これはどういう意図で進められているか、その一段一段の意味は?ときかれた。この線の理論は何のためで、どこがおもしろいか、ときく人もあった。

それから二十年後になって注目する人が出はじめて、特に数学的興味をもつ人が多かった。現在はかなりの人が多様な分野で注目し、応用しようとするようになってきた。

ところが最近、朝倉昌さんとおもしろい話をした。彼は一九七〇年前後に、バクテリアの鞭毛のバクテリア自身を必要としない試験管内成長に成功し、その成長をめぐっていくつもの独創的な面白い研究をして、次々に発表した。その数篇の論文はまさに「世界最高の『短篇論文』といえるものであった。それはまさに「自他ともに許す世界最高」の傑作であった。

ちょうど彼は、そのころ私が発表しはじめた一連のゆらぎの仕事をみて、その意義や目ざすところが、何とも全くわからなかった、といった。

いわばそれは、その後につづいて長篇小説のはじまりとなった仕事である。この長篇小説は、とりあえずは生物の構造の各階層で重層するゆらぎの発展の過程であった。その生物的意義は、当時、注目されなかった。

四十年を経て、現在は急速に「生物におけるゆらぎ」を研究する人々がふえている。問題が重層的に生物学の各分野に浸透しはじめたのである。

私は元来、短いコマ切れ的研究の集まりを作るのではなくて、一生をかけて長い年月をへて、ゆっくりと長篇小説的研究を進めたいと思っていた。見かけはばらばらでも、深く掘れば水があちこちからわき出て大河となる、という夢である。全体的に新しい流れが生まれるという創作である。

ゆらぎはその一つの流れになるであろう。ゆらぎの他にも、このようにいろいろの流れと合流しながら、一生に何本の流れが生まれるであろうか、朝倉さんの好む『源氏物語』

のようなものが生まれるであろうか。しかし私の長篇は終わりそうもない。何かに集中したり、拡がったり、結局最後には「生きものらしさ」を把握したい。

2　熱と「ゆらぎ」

世の中にあるものすべてゆらいでいる、といってしまえばそれまでであるが、もう少し具体的に話をはじめる。

机の上に一本の細い鉄棒がある。その長さは一定である（ようにみえる）。しかし実は、別に外から力を加えてひっぱったりしなくても、長さは少しゆれている。堅い棒ほど、長さのゆれ幅は小さい。このゆれは、鉄棒が熱をもっているからである。中の鉄原子はそれぞれ位置がゆれているし、隣接する鉄原子の間隔もゆれている。熱は、運動のエネルギーでもある。ゆれは、温度が高いほど大きい。

この鉄棒を外力でひっぱれば伸びる。その伸びやすさと、外力を加えないとき自分の〝熱〟で伸び縮みする伸びやすさとは関係がある。長さが自分でゆらいでいる、その長さのゆらぎ幅の二乗平均と、一定の外力による伸び高とが比例する。

次は、一定の長さの針金の両端に電極をつけて、両端間に電圧をかける。電流が流れる。電気の流れやすさが電気伝導度といわれる。実は、電圧をかけないで針金がおいてあるとき、針金の中を電気を運ぶ電子が熱運動で行ったり来たりしている。電流がプラスマイナスをゆらいでいる。そのゆらぎ幅の二乗平均と、針金の両端に電圧をかけたときの電気伝導度とは比例する。

この二つの例は、外から力を加えたときの応答の大きさと、外力なしで自分でゆらいでいるときのゆらぎ幅の二乗平均とが比例関係にある、という例である。

別のいい方をすれば、環境が変わったときの自分の状態の変化と、環境が一定のとき自発的に自分の状態がゆらぐ大きさ（の二乗平均）とが比例する。自発的な動きが小さくて、環境変化に鋭敏に対応することはむずかしいのである。両方とも〝内的なゆらぎ〟が重要なのである。

ここまで鉄の棒やら針金やらを対象としてきたが、対象を生きものにすると、話がちがってくる。もともと生きものはやわらかい、いつも動いている、ゆらいでいる、というのが常識であるから、一個の生きもの、一個の組織、一個の細胞、一個の細胞内装置、などそれぞれ内部の運動にはゆらぎがつきものである。そして生きものは時に応じて、ゆらぎを積極的にさかんにし、それを利用しようとする。それが、ゆらぐ空気の中、ゆらぐ水の中、そのような温度の中で生きものがくらすのに適切なやり方であったにちがいない。

人間の工学は小さい機械を作ろうとし、小さな部品を作ろうとしてきた。ものを小さくすると、比較的にゆらぎが大きくなる。ゆらぎは機械にとってじゃまものである。温度を下げてゆらぎを減らす。ゆらがない部品を探す。

生きものは、人間の工学の基本方針を採らなかった。部品は極めて小さいが、それを集めて構成したシステムは、現実の温度で、水の中で働く。むしろゆらぎを活用して。そのことが生きものらしさの基本、自発自主、を生んだ。

3 ゾウリムシの自発信号

一九七〇年ごろのこと、京大基礎物理学研究所で〝生物の制御〟を主題とする勉強会を開いた。それぞれの分野の一流の人に講演してもらった。その中で内藤豊さん(当時筑波大)が、ゾウリムシについてのおもしろい実験の話をされた。ゾウリムシは、泳いでいるとき、障害物につき当たると後退する。細胞表面のせん毛をいっせいに逆打ちするのである。数秒間後退して、少し方向を変えて再び前進する。また障害物に当たるとしばらく後退し、また出直す。くりかえしているうちに、障害物をよけて別の方向にまっすぐに泳ぐ。

障害物に当たったとき、細胞内ではどのような信号を発生し、せん毛逆打ちをおこすのか。高等動物では感覚細胞が外からの力を感じ、電気信号を出す。細胞は、平生は細胞内が外に対してマイナスの電位をもつ。細胞内は全体としては電気的に中性、すなわちプラスとマイナスのイオンをほぼ同じだけもっているが、少しだけマイナスの方が多い。細胞の中に、極めて細いガラス毛細管を挿しこんで測る。その管の中に銀線を入れ、塩化カリ液でみたしておく。管の先端は空いていて、細胞内とつながっている。銀線の先は電位差計につなぎ、もう一本の線を細胞の外液につけると、二つの線の間の電位、すなわち細胞内外の電位差が測定できる。ゾウリムシでは普通、内がマイナス三〇ミリボルト位である。

感覚細胞に外から刺激を与えると、普通細胞内の電位が急激にプラスに変わる。その電位変化は神経細胞に伝わる。その伝播の仕方には、ちょっとここではふれないことにする。

問題は、ゾウリムシでも、その頭が何かに当たったとき、細胞内の電位が急激にプラスに変わるだろうか、ということである。内藤さんは巧妙な方法を考えた。ゾウリムシにガラス毛細管をさしたまま泳がしておくわけにはいかない。そこでゾウリムシの片面をガラス板にのりづけし、泳げなくして毛細管をさし、細胞内電位を測ったのである。すべては水の中なので、ゾウリムシの一方の面ではせん毛を打ちつづけている。そこでゾウリムシの頭を小さなハンマーでコツンとたたいた。細胞内電位は大きくプラス側へ動いて、しばらくして元に戻った。その間、顕微鏡で見ていると、細胞のせん毛がいっせいに逆打ちしているのがわかった。すなわち、せん毛への「逆に打て」という信号は、電位のプラスへの動きであった。

そのころわれわれの研究室では、ゾウリムシの泳ぎの自発的方向変換を観察していた。その実験に興味をもっていた若い院生が、内藤さんの話をきいて直ちに、自発的方向変換の元は電位が自発的に（別に頭をたたかなくても）プラス方向へ変化することではないかと考えた。すぐに研究室でその実験にとりかかった。要するに内藤さんと同じ実験システムで、ゾウリムシの頭をたたかないでもじっと電位差を観察していると、ときどきは電位がプラス方向に自発的に動くであろうと期待したのである。実験は成功した。

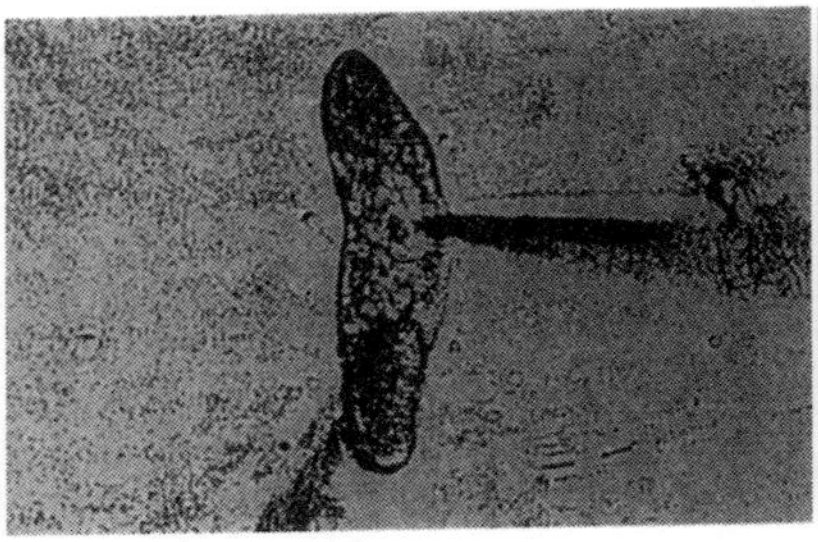

ガラス板に固定したゾウリムシに、
細胞内電位の測定のためにきわめて
細いガラス毛細管を挿入したところ

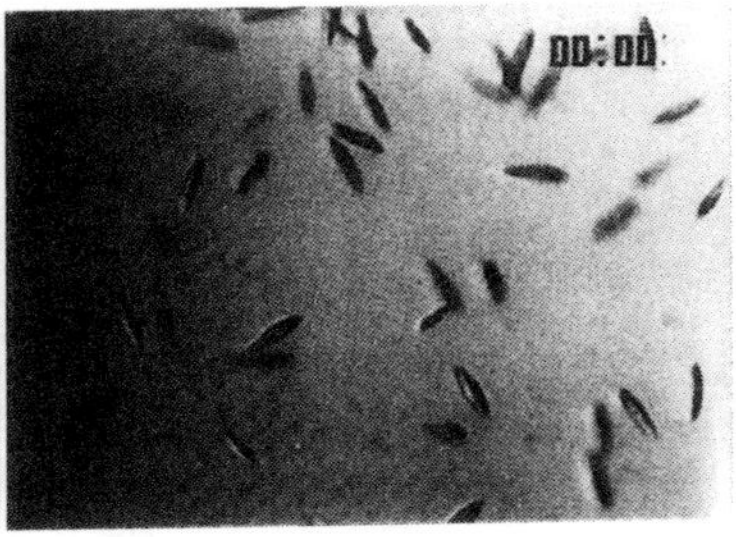

ゾウリムシの泳いでいる様子

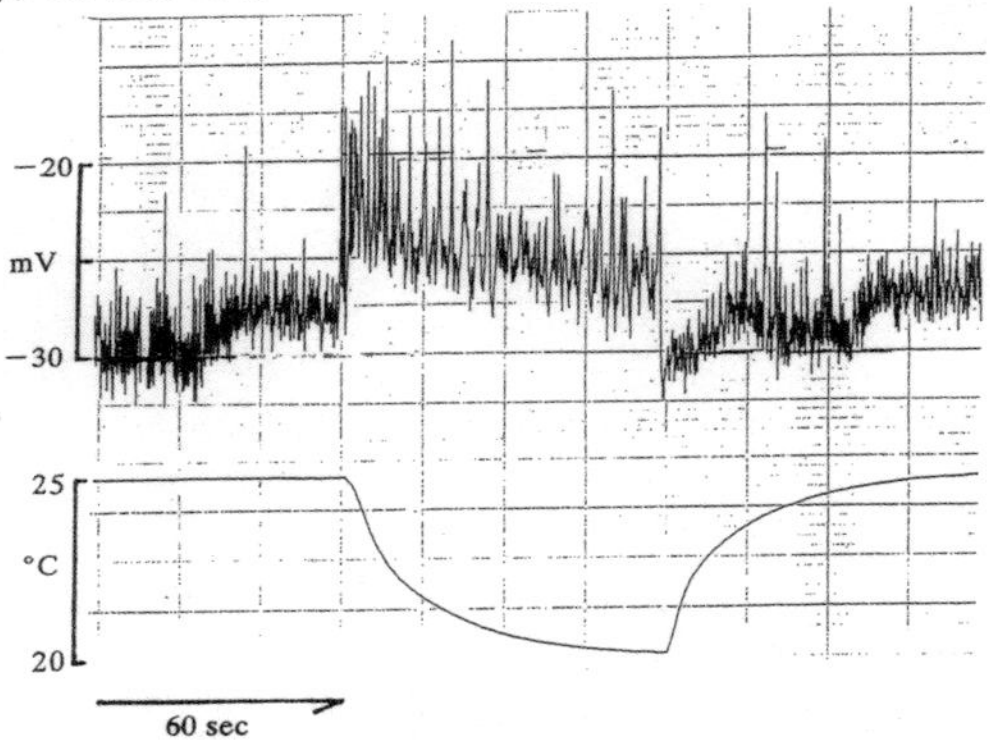

温度変化（下）と
膜電位変化（上）

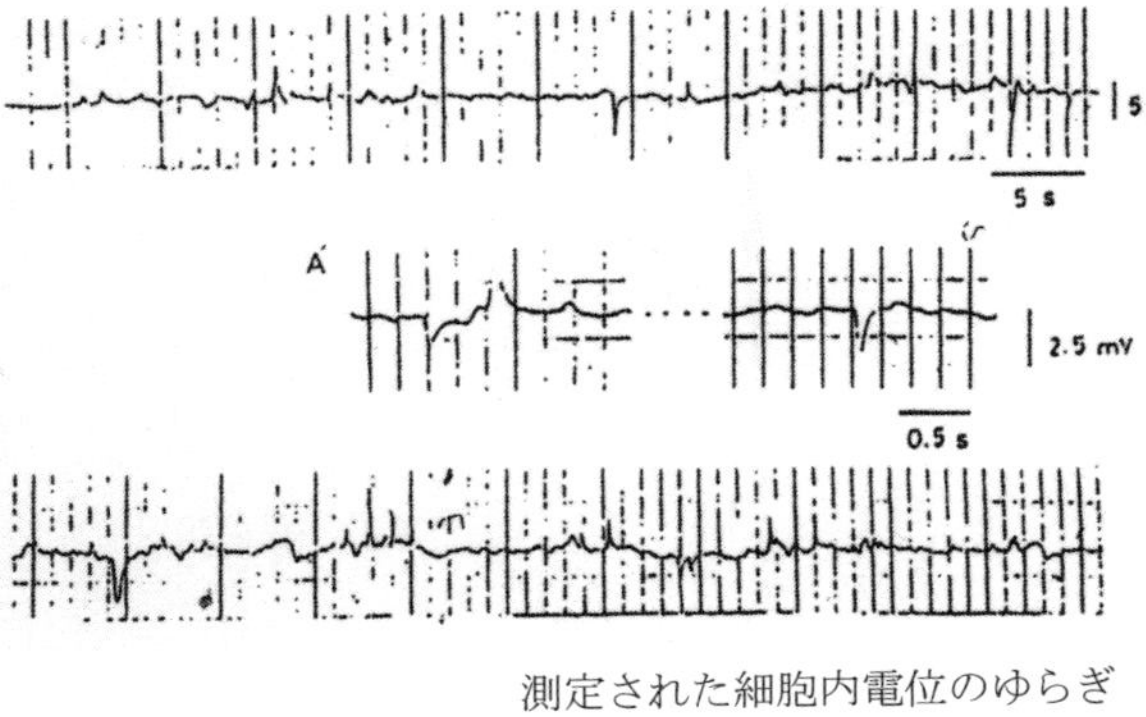

測定された細胞内電位のゆらぎ

ゾウリムシの細胞内電位の自発的ゆらぎが見つかった。頭をたたいたときよりはずっと小さいが、ときどきは鋭いプラス向きへの数ミリボルトの変化が観察された。それまでの実験では、ゆらぎは余計なものと見なされて、実験データから除かれていたのであった。見方を変えたら、そのゆらぎに重要な意味があったのである。顕微鏡でみていると、電位のゆらぎが大きいとき、せん毛の一部分が逆打ちするのがわかった。院生たちは予想が当たって大いに喜んだ。そのデータが論文として発表されるまでには数年かかったと思う。このような電位ゆらぎ発生のメカニズムについては、次節以下に順次述べることにする。

4 「ゆらぎ」の段階的増幅

(1) 熱ゆらぎ

ここでは、ゾウリムシの場合のような電気的自発信号発生のプロセスを、段階をたどって話を進める。第一段階は、細胞の膜の中に存在するタンパク質分子の熱ゆらぎである。多くの細胞がそうであるが、細胞の中の主成分は水であり、次にそれにとけている各種イオンである。もちろん他にタンパク質分子、核酸分子などがある。ここで主役はイオンである。＋と－のイオンの数は、全体でほぼ等しい。つまり細胞内は中性である。ほんの少しだけ細胞の膜付近では－のほうが多い。細胞外は池の水とすると、これも全体では中性である。膜のそばだけ少し＋のほうが多い。細胞の内と外との間には電位差がある。内の方がマイナスである。

細胞の膜は脂質でできていて、水を通さない。各種イオンも透さない。ところどころに穴（チャネル）があって、穴はそれぞれ特別のイオンだけを通す。穴には普通ゲートがついていて、穴を開けたり閉めたりする。穴もゲートもタンパク質分子でできていて、やわらかい機械のようなもので、常に熱ゆらぎをしている。

ゾウリムシの場合は、細胞内外のイオンの中ではカリウムイオン（K^+）が主役である。池の水は低い濃度のK^+をふくむ。細胞の中はその数倍の濃度のK^+をふくむ。K^+をとおす穴のゲートが開いていると、濃度の高い細胞内のK^+が外へ出ようとする。少し出ると細胞内がマイナス電気過剰になり、出るK^+を止めようとする。出入の力がバランスしたとき、外に対して中がマイナスの電位差ができる。このK^+のためのゲートつきの穴がいくつあっても、細胞内の電位は同じである。ゲートが開いたり閉じたりの熱ゆらぎをしても、内外電位差はそのたびにほんの少しゆらぐだけである。

(2) ゆらぎの増幅

内外濃度差が逆の、もう一種類の＋イオンがあるとする。ゾウリムシでは例えばカルシウムイオン（Ca^{2+}）である。その濃度は細胞内では非常に低く、細胞外（すなわち池の水）では高い。このイオン用の穴（チャネル）が膜にある。そのゲートが開くと、Ca^{2+}が外から内へ流れこむ。K^+とは逆むきの、細胞内がプラスの電位差を作ろうとする。二種のイオンK^+とCa^{2+}がそれぞれ自分専用のチャネルを通って出入する。細胞内は電気的にほぼ中性に保たれないと困る。一方向きにどんどん＋か－が増加しつづけたり減少しつづけたりできない。K^+の内むきの流れと、Ca^{2+}の外向きの流れは、電気量として等しくないといけない。つまり二種類のイオンによって、細胞膜を横切って等しい電流がまわっていることになる。逆にいうと、K^+の外向きとCa^{2+}の内向きの電流とが等しくなるように、細胞内外の電位差が決まる。このときの電位差の値は、K^+だけのときとCa^{2+}だけのときの平均値に近いと考えてよい。

K^+のチャネルとCa^{2+}のチャネルが一つずつあるときを考える。K^+のチャネルのゲートだけが開いているとき、細胞内の電位はマイナスである。Ca^{2+}チャネルだけ開いていれば、電位差はプラスである。両方開けば電位差はゼロに近い。ゆえに両方のチャネルのゲートの開閉の熱ゆらぎに従って、電位差は大きくゆらぐ。一方のチャネルだけが存在するときとは大ちがいである。

二種類のチャネルが両方とも開いているとき、細胞膜を通って電流が循環している。一種類のチャネルしかないときは電流は止まっている。循環電流の存在によって、単なる熱ゆらぎでしかないゲートの開閉のゆらぎが、それ以上の大きなゆらぎを作る。

実は、循環電流は平衡状態では生まれない。循環電流が流れたままでは、細胞内のイオンの組成が変わってしまう。それを変わらないようにするためには、あるいは元の組成に戻すためには、細胞内に入ったイオンを汲み出し、出ていったイオンを汲み入れるポンプを働かせなければならない。実際の細胞はそのようなイオンポンプを細胞膜に埋めこんでいる。それはタンパク質分子でできていて、ＡＴＰ分解の化学エネルギーを使って動いている。

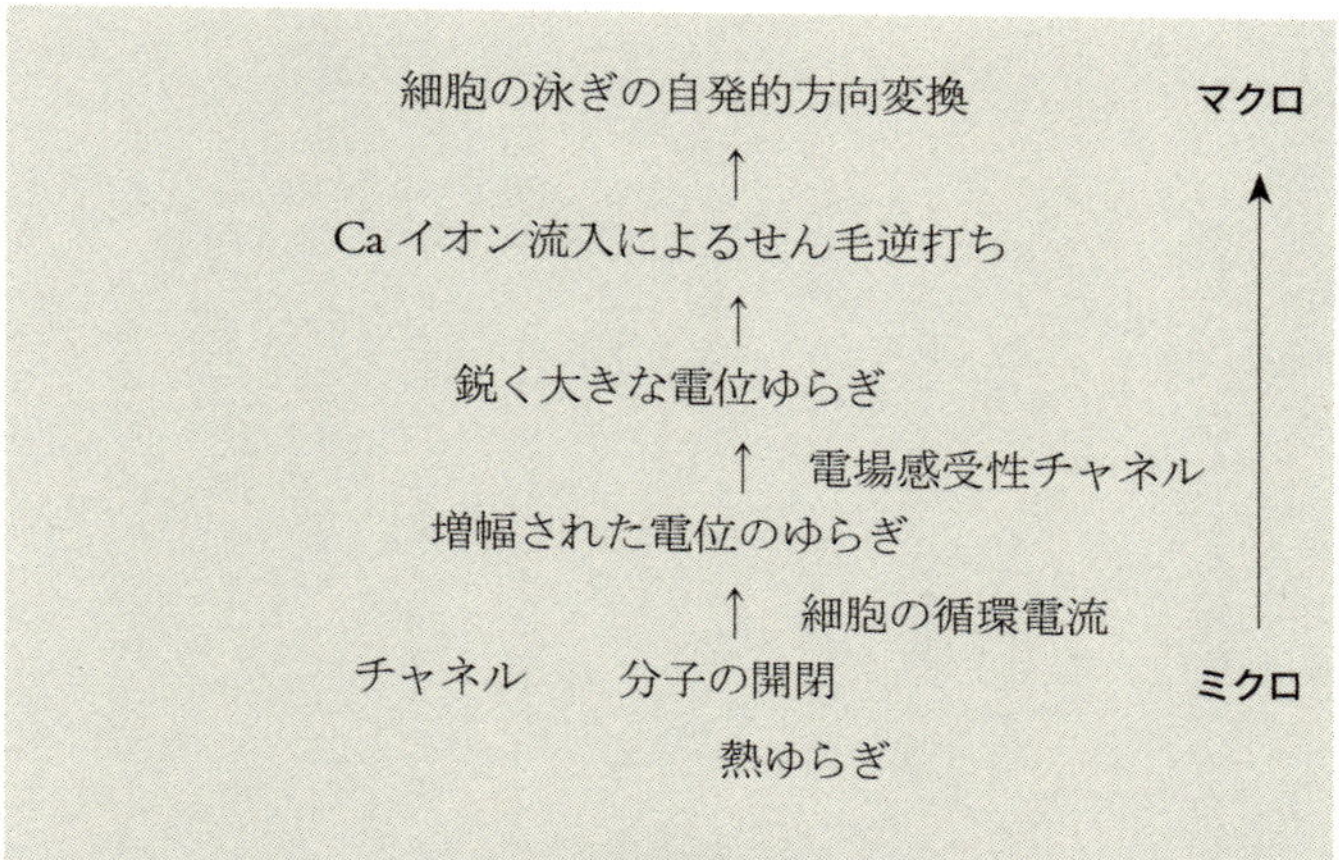

ゆらぎの階層

まとめていえば、細胞はわざわざエネルギーを消費しながら、細胞膜を通してのイオンの循環電流を作り、それによって元は単なる熱ゆらぎであったものを増幅して、それから次節に述べるようなプロセスをへて、自発的行動を創り出しているのである。

(3) ゆらぎの信号化

ゾウリムシの細胞膜に存在するK^+イオンチャネルなどのゲートの開閉の熱ゆらぎのために、細胞内電位がわずかにゆらぐ。二種類のイオンをとおす細胞膜のチャネルを通ってイオン電流が循環している（入るイオンと出るイオンとは別種のイオンで、ともに＋イオンであるとき電流の向きが逆である）ときには、膜にあるそれぞれのイオンのゲートが熱ゆらぎをすると、細胞内電位のゆらぎが大きくなる（電位のゆらぎを大きくする力は、循環電流の大きさの二乗に比例する）。

そのゆらぎがミリボルト程度になると、それを感受するゲートをもつ第三のイオンチャネルがゾウリムシのせん毛にある。そのチャネルのゲートは電位ゆらぎに敏感に依存して開く確率が急に増加し、近辺のいくつかのチャネルが協同的にいっせいに開く。実はこのチャネルはカルシウムイオン（Ca^{2+}）をとおすので、それがせん毛内部に流入する。次のメカニズムはよくわかっていないが、カルシウムイオンがせん毛逆打ちを誘起する。

このときチャネルの開く時間とか、膜のどのくらいの面積にわたって開くとかはきまっていない。このとき電位が鋭く数ミリボルト上昇するが、その空間時間の幅はきまっていない。このときのせん毛の反応が、ゾウリムシの泳ぎの方向変換となる（**図「ゆらぎの階層」**）。

（4）「ゆらぎ」からみた細胞のいろいろ——能動的と受動的

ゆらぎの階層について、前項の一番のキーポイントは、細胞膜を横切って外から内へ、内から外へと循環するイオンによる電流の存在が、細胞内の電位の大きなゆらぎを創出することである。循環電流が存在すれば、ゆらぎが大きくなる。

神経細胞を例にとると、その軸索と呼ばれる長い管状の部分の主な役割は、与えられた信号の伝達である。信号を勝手に作ってはならない。その役割にふさわしく、平生は循環電流はない。軸索の膜にはところどころにカリウムイオン（K^+）をとおすチャネルがあって、開閉のゆらぎをしている。その他のイオンをとおさない。興奮信号を伝達するとき、もう一種類ナトリウムイオン（Na^+）をとおすチャネルが開いてすぐに閉じるという動作をする。この二種類のチャネルの連携した開閉が、電位の一時的な鋭い山をもつ変化をおこす。そしてこの変化が長い軸索を伝わっていく。一時的にだけ循環電流が流れるのである。Na^+のチャネルが平生から開いたりすると、余計な信号が生まれてこまる。実際の測定によると、平生の軸索の電位ゆらぎの平均は〇・〇三ミリボルト位で、ゾウリムシの電位ゆらぎの約百分の一である。ゾウリムシが死んでただの袋になったときは、電位ゆらぎは生きているときの約百万分の一以下になる。

いろいろの細胞は、ゆらぎの観点からすると二大別できるのではないか。大きなゆらぎを創って自発的行動をさかんにする細胞と、そういうゆらぎを創らず自発的行動もあまりしない細胞とである。脳の中の多数の神経細胞も、同様に二大別できるのではないか（中途半端なものはあまりなくて）。〝やかましい細胞〟と〝静かな細胞〟ともいえる。神経の末端、シナプスと呼ばれる部分にも、同様に二つのタイプがあるのではないか。そういう見方で神経の分布をしらべるのも意味があると思う。

脳とか脳の一部分の状態論の可能性につながるのではないか。そこまでいかなくても、多細胞の下等生物について、同様の見方ができるであろう。

中生動物（メソゾア）と呼ばれる一群の生物がいる。これに対して、ゾウリムシのような単細胞はプロトゾアと呼ばれる。中生動物は多細胞生物ではあるが、一ぴきを作る細胞の数が少ない。タコの腎臓の寄生虫として存在するのは、細胞が二〇個とか二二個とかで、種によって一ぴきの作る細胞の数がそれぞれ決まっている。中心に長い幹細胞が一本あって、それに約二〇個の細胞がそれぞれ細長くてなわのように巻きつき、それらの細胞は長いべん毛を生やしている。全体の長さは数ミリ程度で、ゆっくり動く。遺伝や発生の研究はされているが、生理学的な研究は少ない。人工的に培養するのが難しいらしい。

この約二〇個の細胞にガラス毛細管を挿入して、電位ゆらぎを測るとおもしろいのではないか。先頭の細胞だけが電位ゆらぎが特別大きいかもしれない。それともみんな同じか。ゆらぎの大きい細胞があれば、それが全体の動きを決めるのかもしれない。

他にも少数の細胞で構成された多細胞生物があれば、同様のことをしらべたい。

一方、単細胞ではあるが大きな拡がりをもつ真性粘菌ではどうか。先頭に立って動いている部分の内部の電位ゆらぎは、それに従っていくうしろの部分のゆらぎとどうちがうか。誰もが粘菌内部の刻々の電位を測りたいが、それが難しい。ガラス針を挿すと、その部分の細胞が新しく入った針のまわりに膜を作って、針を細胞外へ排除してしまう。ガラス針をそのまま受け入れてはくれない。細胞内電位は測れない。一時的には測れても記録をとるほど連続的測定には成功していない。ただ神谷さんによって、粘菌の細胞内の運動の周期と同期して、細胞内の電位も少し変わるらしいデータがえられている。

多細胞生物で各細胞が分化してそれぞれの役割が決まる前に、その前兆としてゆらぎの見地から細胞の大まかな分類（例えば能動的と受動的）が生まれはじめるのではないか。そこに〝生きものらしさ〟の一つのみなもとが見られるのではないか。

（5）一個の細胞の中の前後のちがい

ゾウリムシは、ガラス板の上に固定して、メスで強引に中央で押し切って、二ひきのゾウリムシにできる。切ったところには膜ができて、二ひき別々に泳ぐことができる。元の細胞の前と後の部分へそれぞれガラス毛細管を挿入して、細胞内電位とそのゆらぎを測定することができる。大まかにいうと、元の前の部分の方がゆらぎは大きい。

ゾウリムシが泳いでいるところへ、二つの電極＋－を入れてその間に電位差を与えると、元の一ぴきのゾウリムシはマイナス電極の方へ集まってくる。どの一ぴきもそうである。二つに切ったゾウリムシはそれぞれ＋－どちらへ集まるか。前半分のゾウリムシはマイナス電極のほうへ来る。後半分のゾウリムシはプラス電極の方へ来た。つまりゾウリムシの前半分と後半分は元々反対の方へ泳ぐはずであったが、両方いっしょにしたときは前半分の意志？が勝って後半部はそれに妥協したと見える。一個の細胞の中でも場所ごとに元来の性格がちがう。なかなかおもしろい。

3　自発から意志へ

1　自発の意味について

前節で、ゾウリムシの泳ぎの自発的方向変換を対象にして、自発のおこる源《みなもと》についてのべた。ゾウリムシの細胞の膜にある各種イオンをとおす穴の開閉の熱ゆらぎによって、イオンの膜を流れる電流のゆらぎがおこる。あるイオンは膜の穴をとおって細胞の内側へ、別のイオンは別の穴をとおって外側へと流れている。それぞれの電流がゆらぐ。そのため細胞の内外の電位差がゆらぐ。膜をとおってイオンの流れが循環していると、電位差のゆらぎが大きくなる。ときどき膜のある面積で電位差のゆらぎが特に大きくなったとき、その面積でパルス状の電位変化がおこって、それがその部分の膜のせん毛の打ち方を一時的に逆転させる——というストーリーで、ゾウリムシの泳ぎの自発的方向変換がおこる。

このゾウリムシの〝自発〟とわれわれヒトの〝自発〟とをくらべてみたい。われわれが自発的に何かをするというときには、自分の自由意志が入っているように思う。しかしわれわれが散歩していて急に道を曲がろうとするときを考えると、ゾウリムシの場合とどうちがうか。

われわれは英語で〝自発的〟を表現するときには、「スポンタニアス（spontaneous）」という言葉を使う。そこで英英辞典でspontaneousを引くと、二通りの意味が書いてある。第一が「あることを突然やりたいと思い立ってやる」であり、第二が「自然におこる」である。第一にはやるという〝意志〟が入っていて、第二は意志とは関係がない。英和辞典にも、対応する二つの意味が書いてある。

漢字で書くときに、〝自〟という文字を二通りに使う。読みが二通りで、〝みずから〟と〝おのずから〟である。英語の場合と対応している。一方には意志がふくまれているが、他方にはふくまれていない。西洋も東洋も、自発の意味に二重性がある。

2　自発と私という思い

同じことばで表現されていたというのは、この二つの意味を区別する気がなかったからであろう。いいかえれば、昔は〝私が〟やったかどうかをあまり強調する気持ちがなかったと考えられる。

思いつきでやったのと、自然にそうなったのと区別しなかった。どちらもいわば〝ゆらぎ〟のせいでおこった。その点でゾウリムシの自発とヒトの自発の間にも、さしたるちがいを感じなかった。

そうだとすると、どこでヒトの自発性に自由意志が入ってくるようになったか。あるいはゾウリムシの自発に〝意志〟が入ったか。

自然の池の中に住むゾウリムシについて話をしよう。池の中には藻や草が生えていて、ところどころに集まりを作っている。そこにはゾウリムシの食べるバクテリアが多くいるはずである。ゾウリムシがそこに集まりバクテリアが少なくなると、もっとたくさんバクテリアのいる藻の集まる場所へ移動する。そのときゾウリムシはあちこち泳ぎの方向変換をしながら、新しい場所を探す。それは藻の集まりが池の中にどのように分散しているかを探索することにもなる。その池に慣れてくると分散具合がわかり、バクテリアの集まる場所を探すのに、どのくらいの距離をまっすぐ泳ぎ、ときどき方向変換するのが適当であ

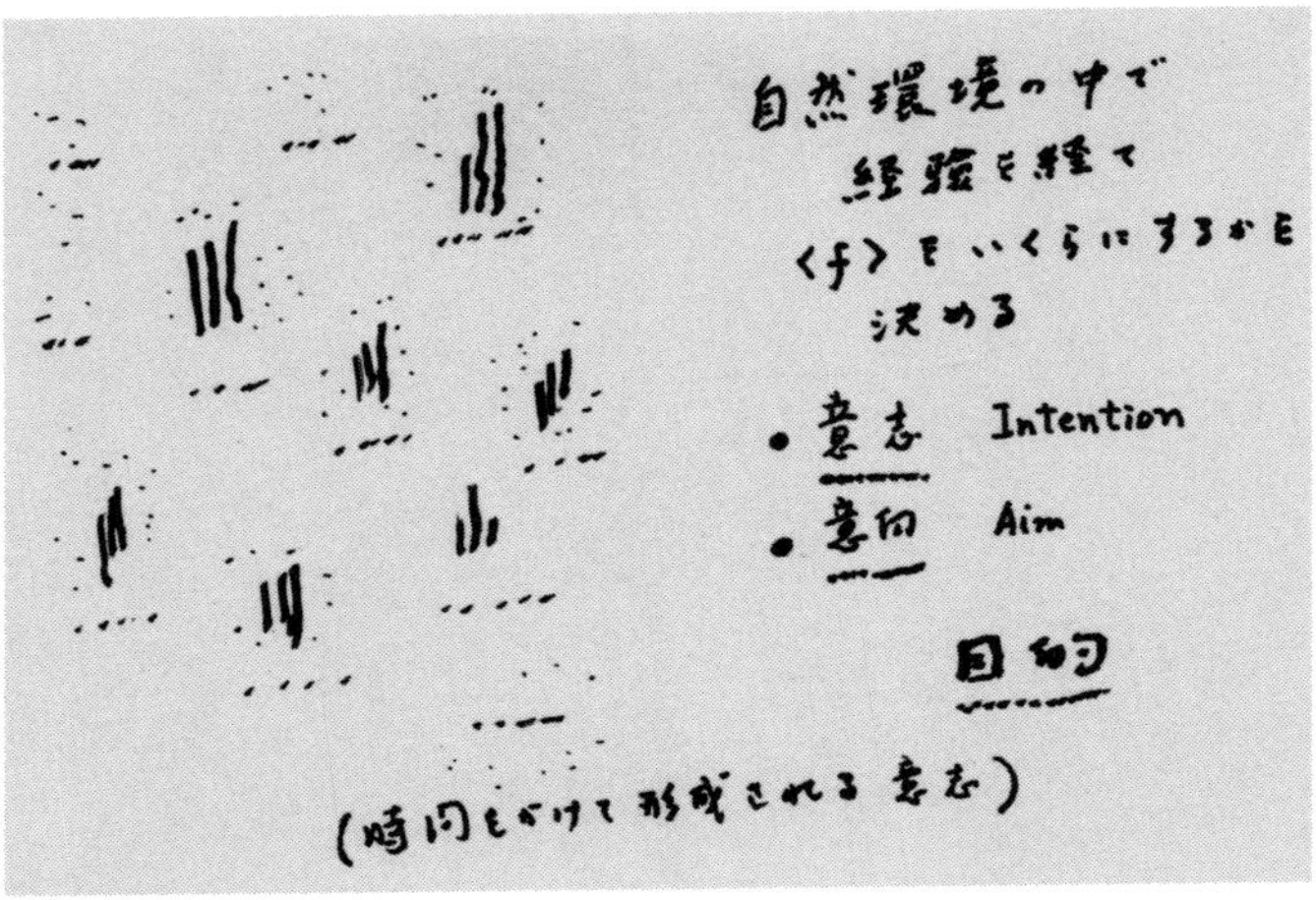

るかを悟る。

どこで自発的方向変換をするかは思いつきでいいのであるが、次々の思いつきの時間（あるいは距離）の間隔の平均値は池の状況によって決めておくのがよい。これを決めるには経験が必要であり、経験をゾウリムシ細胞の中に貯えておかねばならない。

思いつき自発に〝意志〟が加わる。

3 意志をもっての自発

思いつき自発の平均時間間隔は、そのときの細胞の状態に依存する。一つきりの細胞は、自分の状態を意識しなければならない。細胞の中で行われている化学反応、細胞の中のいろいろの装置、分子機械それぞれの働き具合をしらべ、例えば細胞内電位の平均値はいくらで、そのゆらぎ幅の平均はいくらか、など情報を集約し、また細胞外からくる環境に関する情報を保存する。

細胞が全体として調子よく働いていることを確認する。もし調子の悪いところがあれば、補正する。それが細胞が自らの状態を意識することの意義である。

前回の自発は「思いつき」であったが、今回の自発は経験を積んで自らの状態を把握した上で、住んでいる自然界の状態と合わせて、食べものにありつきやすいという目的に合うように、時間と経験をかけての〝意志〟をもっての自発である。

〝意志をもっての〟というならば、そこに目的があるはずである。ここで生きものの目的論が出てくる。

この話は本書の終わりに書くつもりである。

結び

生きものらしさを代表する一つの性質として、自発性をとりあげてきた。そこで生きもの全体、単細胞微生物からヒトに至るまで、自発性の表現のされ方がよく似ていることを知った。生きものの作られ方は、単純なものから極めて複雑なものまで大きな差があるにもかかわらず。

ただ、生きものの一つとしてヒトは他の生きもののためになるようなことをしてきたか、と問うとどうも何もしていないような気がする。他の生きものは動物・植物ともにお互いに助け合ってきたのに。はるか昔には、ヒトも生きものの一つとして、他のみんなとともに仲よくくらしていたのではないか。

ここで私の頭の中には、ブッダが森の中の木陰に立って、まわりに集まった多くの動物たちに話しかけている画が浮かぶ。ブッダの言葉は動物たちの心の中にしみこんでいったであろう。すべての生きものは仲間であり、兄弟である。

それが遠い昔となってしまった今は、ヒトが動物たち植物たちに何かをしてやっても、それは結局はマイナスになることばかりであるように思える。

今から八年前ぐらいに、名古屋大学で私の講演をきいてくれる会が催された。私がいた大阪大学生物工学科とその大学院の卒業生たち、そのうち何人かは名大に勤めている。他に名古屋在住の人々、阪大に私がいたころ事務関係や学会関係の仕事をしていた女性たち、学生・院生だった女性も来て、七十人位だった。私は生物の自発性を中心として話をした。

話が半ばをすぎたところでスクリーンに、下はバクテリア・ゾウリムシから左へ半円状にウニからネコ・サル・ヒトに至る図、右へ半円状に粘菌・藻から植物いろいろ。まん中に「**段階はあるが断絶はない**」という私の好きなことばを映した（本書四〇頁に出ている）。

話がこの図まで進んだころ、スクリーンで仕切られた一面ガラスばりの向うに猫が現われた。白黒の品のいい猫がガラスのそばにきちんと行儀よく坐って、まるで私の話をきいているような風情であった。私はあとで聴衆からきいて知った。その一人が「おシャカさまの域に達しましたね」といってくれた。

Ⅲ 状態論

1　状態論で生きものをみる

はじめに

(1)「生物は積み木細工」

一九七二年、私は『生命の物理』(「岩波講座　現代物理学の基礎」)というタイトルの本に、当時の分子レベルの生物物理学について書いた。その年の末に名古屋にこられた湯川秀樹さんが、講義のあとのパーティで私をつかまえて、次のようにいわれた。

「生物は積み木細工ですね。量子力学のような直観をこえる難しいことは何もありませんね。そのうち脳のことなどもわかってしまいますね。」

私はさすが湯川さん、私の文章をさらっとよんで、生物の本質を見事に理解してしまわれたと思った。普通に使われる〝機械的〟とか〝力学的〟とかいわれずに「積み木細工」と表現された。私は感心しながら「ええそうなんですよ」と答える他なかった。しかし内心は、湯川さんもそうだったであろうように、〝生物〟にはもっと不可解であってほしかった。それが現在〝生きものらしさをもとめて〟という旗印をかかげている原動力になっている。

積み木細工の各ブロックは極めて精密に設計されて、どのブロックのとなりはどのブロックでなければならぬ、というようになっている。出来上がった積み木細工全体の設計図が別に用意されていなくても、出来上がりは各ブロックの設計図の中に含まれている。積み上げていく途中の二次元・三次元の設計図は不要である。

積み木細工というのは別の表現でいうと、部品主義ということである。すべては部品、それは多くの種類があるのだが、部品が決定的役割を果たす。

(2) 部品主義

現在の生物学は部品主義を主軸とする。部品の設計図をもつのが遺伝子DNAである。この設計図を遺伝情報という。情報とは必ず一次元で表現される。DNAという鎖状高分子の作るATGCの配列順序が情報となる。でき上がった部品の設計は、この特定の配列によって指定される。

われわれの工学もまた、多くの場合、部品主義である。自動車がうまく動かなくなったとき、自動車全体がなんとなく調子が悪いとは思わずに、自動車の部品のどれか特定のものが故障した、こわれた、動きが悪くなったとか、「まずその部品を探せ」ということになる。その部品がわかれば、それを修繕するとか、入れかえるとかする。

生物の場合も同様に考える。最近の医学は徹底して部品主義である。身体の調子が悪いとき、まずその原因である特定の部品を探す。その部品がわかれば修繕するか、新品に入れかえるかする。最近の医学の進歩の大部分は、この部品主義の進歩のおかげである。

ヒト以外の生物でも同様である。いろいろの機械を作る工学も、また部品主義に負うところが多い。部品主義万能である。

（3）積み木細工をこえるか

ところが私は、部品主義、積み木細工をこえるところに生きものらしさがある、と思いたい。本書のIですでに生きものの自発性を強調し、そのもとには〝ゆらぎ〟が存在することに注目した。一個の生きている細胞の中では、積み木細工の一個一個のブロックは常にゆれ動き、積み木細工全体もゆれ動き、一個の細胞も決して固定されたものではないであろう。そんな期待が先にあったのではなくて、われわれはまず、生きものの中での部品のあり様を理解しようとして、実験にとりかかった。

1　最初の実験・アクチンについて――状態論的解析

研究の中心を生物関係へ移すとき、最も重要なことは研究テーマの選択であった。自分たちが深い興味をもっていることが条件であるのはもちろんであるが、われわれ各自のそれまでの研究の歴史、経験と知識、用意できる装置に基づいていなければ無理なことになってしまう。

われわれがまず目指したのは、筋肉タンパク質アクチン分子が試験管内で集合し長いフィラメントを作る現象のくわしい解析であった。アクチンを筋肉からとり出し、精製する方法は、ハンガリーのシュトラウプが発明していた。幸いにもそれは全くお金のかからない方法であった。普通の冷蔵庫と遠心機があればよかった。このことも、われわれがアクチンの研究をはじめることができた大切な要因であった。

アクチンは純水の中ではばらばらの分子として存在し、水に塩を加えると、集まってフィラメントとなることはわかっていた。筋肉細胞中のように適当な濃度の塩（例えば塩化カリウム）が加わるとフィラメントとなり、筋肉細胞中ではフィラメントを作っている。われわれは純水の中と塩水の中だけでなく、もっと広く環境を変えたとき、アクチン分子がどういう形をとるか、しらべたかった。例えば少しだけ塩を加えたときどういう形で存在するか、という問いかけであった。塩の濃度、pH、温度、アクチン分子自身の濃度など、環境をできるだけ広く変えて、徹底的に実験した。

結果をまとめると、

①塩の濃度が低いときは、溶液中でアクチンはばらばらの分子と長いフィラメントとの混合物として存在する。

②長いフィラメントを作るには、環境で決まるある濃度以上のばらばらのアクチン分子が存在しなければならない。この臨界濃度のばらばらの分子がフィラメントと共存する。

③この共存状態が安定に存在するとき、各アクチン分子それぞればらばらの分子（Gアクチンという）になったり、長いフィラメント（Fアクチンという）に加わったり、二つの状態の間をいったりきたり、サイクリックにまわっている。

以上が結果のまとめである。その正式な論文は一九五九年、六〇年から出版されはじめ、実験開始から五年をへていた。これはアクチン分子をある量ふくむ溶液を全体としてみると、どういう〝状態〟にいるかを明らかにしたことになる。

この「状態論的解明」は、この道の研究として新鮮であった。それまでこのような分野の分子レベルの実験は「反応論的」あるいは「構造論的」であった。どういう反応がおこり、どういう構造ができるかがもっぱら問われていた。われわれの研究のこの新鮮さが、世界のこの分野の研究者たちの注目を集めた。われわれの研究は状態的研究のさきがけとなった。ただし上のような研究の結果が直ちに欧米の研究者たちに受け入れられたわけではない。われわれの研究の方法や考え方がアクチンはもちろん、他のタンパク質分子が似た現象を示す場合へと拡がるには、発表以来十年以上かかったと思う。

一九六〇年代はじめ、理論的研究が、このような現象がおきるときには、フィラメントはタンパク質分子が単に直線状にじゅずつなぎになるのではなくて、例えば二本のじゅずを巻いたように単位の分子同士が縦横にらせん状につながってフィラメントを作っているはずであることを示した。アクチンのフィラメントの場合、それをイギリスのＪ・ハンソンさんが電子顕微鏡観察によって証明した。

2　粘菌のアクチン

前節でアクチンの分子とフィラメントの間のダイナミックな平衡の話を述べた。しかし実際の筋肉細胞の中ではフィラメントとして安定に存在していて、フィラメントはこわれたりできたりと、そんなにゆらいでいるようには見えない。ゆえに筋肉の収縮にアクチン分子のはなれたり、くっついたりが直接関与していそうもない。

そこでわれわれは、別の運動する細胞の中でアクチン分子の動きがもっと積極的に運動に関与している場合を探すことにした。

そして〝粘菌（真性粘菌）〟をとり上げた。これは自然界では山の中の森の木々の根元につもる落葉の上に黄色の糸状にひろがり、糸の先端は伸び縮みしながら、全体が一個の細胞として動いている。実験室では粘菌の糸のひろがりの一部を切り取って、しめった紙の上にひろげて乾燥することができる。その乾燥粘菌の一切れをとり、少量の水をかけると、しばらくしてふくれて、中身が動きはじめる。「原形質流動」と呼んでいる。乾燥状態におくと何年でも保存できる。水をかけると生き返るわけである（**粘菌の写真**）。

この粘菌の糸が伸縮するときに出す力、その伸縮の速さ、これらは一定ではなく、だいたい〝分〟の周期で振動しているが、その定量的な測定を行なったのは、大阪大学の神谷宣郎さんである。欧米で神谷は、生物学をはじめてエグザクト・サイエンス（正確な科学）にした、といわれた。この力と動きの発生に、粘菌細胞中の〝アクチン〟が関与しているであろうと考えられるのである。

名古屋大学で秦野節司さんが粘菌の大量培養をはじめた。ポリバケツの底に水でしめらせた紙をしき、その中央に乾燥させた粘菌をおき水をかけ、えさとしてオートミールを少量のせる。うす暗い二〇℃より少し高い温度の部屋におく。まもなく粘菌はふくらみ、糸状の突起を出す。突起は伸びて枝分かれをし、菌全体は拡がる。各糸の先頭はバケツの内壁をはいのぼり、数日後にはバケツのふちをこえて外壁をはう。多数のバケツを並べると、一週間で大量の粘菌が採れる。これから、筋肉から採るときの方法と似た方法で、アクチンを抽出精製したのである。実験をはじめたのは一九六一年で、筋肉のアクチンと同程度に精製されたアクチンを得たという論文が出たのが、五年後の一九六六年であった。筋肉

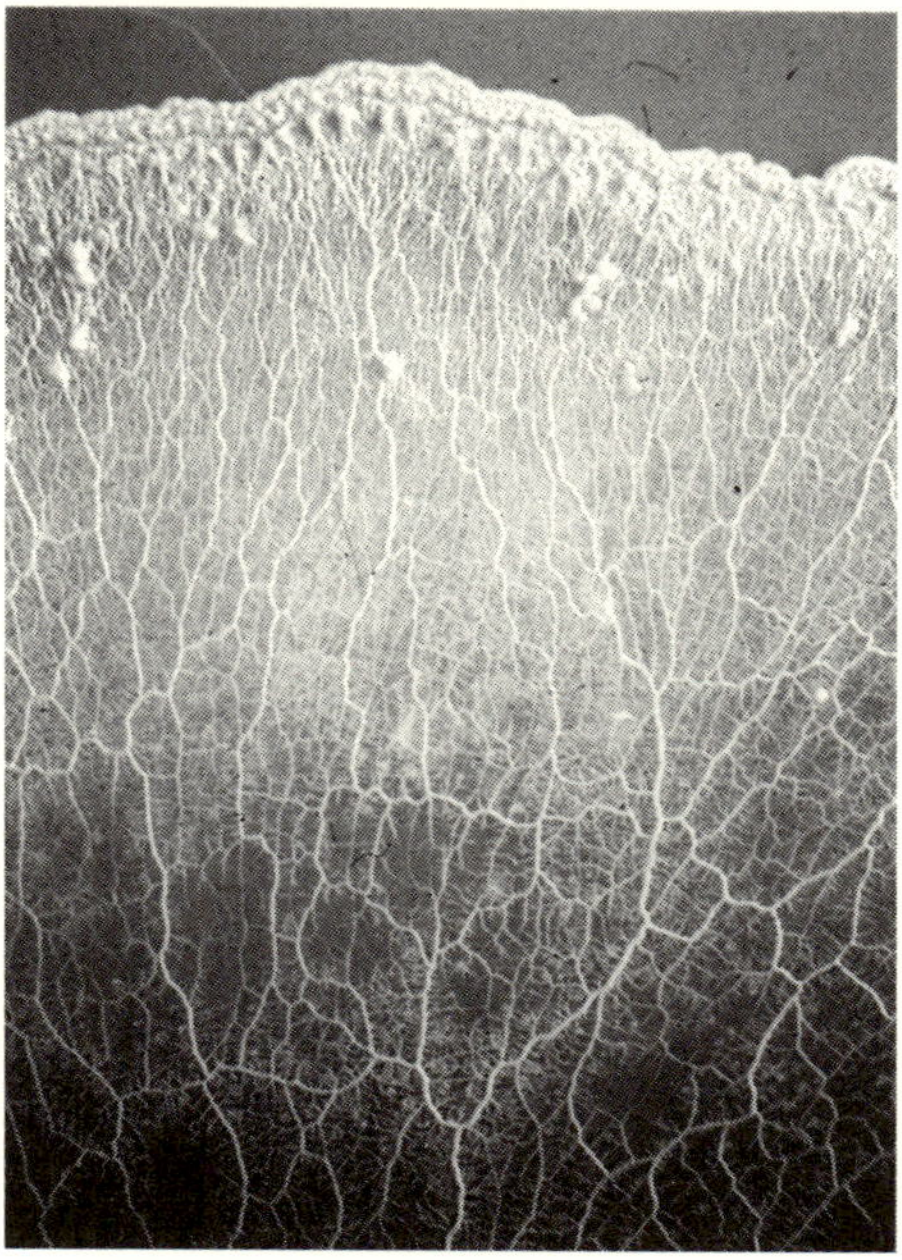

粘菌
＊秦野節司氏提供

以外からの最初のアクチンであった。

動物のうさぎと植物の粘菌の間は、進化の系統樹では遠くはなれている。両者がほぼ同じ〝アクチン〟をもつことは、系統樹から見て、全動物植物が同じアクチンをもつことを意味する。事実、後年それが証明された。粘菌を選んだのは適切であった。

粘菌の糸の先頭が伸びたり縮んだりしながら少しずつ前進し、また先頭の近くから新たな突起が出て成長する。前述のポリバケツでの培養の場合には、先頭が前進する先にえさがおいてあるわけではない。成長の動機は何であるか。糸の中では原形質がさかんに動いている。この動きは〝自発〟〝自主〟の一つであろうか。そこには多くの繊維状、顆粒状の構造がある。アクチンフィラメントも含まれている。自発信号があるとすれば、それは何であるか。

3　アクチンフィラメントのやわらかさ

はじめての実験〝アクチンの状態論的解明〟がおもしろい結果を示したので、筋肉のアクチンから粘菌のアクチンへと対象を拡げた。同時にアクチンフィラメントが普通想像されていたように固い棒のようなものではなく、もっとやわらかいものであると予想した。そこでそのやわらかさ、つまりフィラメントの曲がりやすさを測定することにした。

周波数が一定のレーザー光を水中のアクチンフィラメントに当てると、もしフィラメントが曲がりやすくて曲がったりまっすぐになったりの運動をしていると、散乱されたレーザー光の周波数が少しゆれる。そのゆれを検出して曲げ運動をしていることを実証した。それは一九七〇年のことであったが、人々はなかなか信用しなかった。その八年後、光学顕微鏡で水の中の一本のアクチンフィラメントが直接見えるようになって、それが固い棒ではないことが明らかになった。

固い棒であるという先入観を破るのに十年かかった。

以上のアクチンに関する実験が、全体として、次節にのべる生物のもつ運動の分子機械が「かたい機械」ではなさそうであるという考え方、「やわらかい機械」という概念につながったのである。

構造一辺倒よりは、〝状態〟をしらべることが、〝生きものの特徴〟を話すときには重要である。

4　変幻自在のアクチンフィラメント

ここにアクチンフィラメントについての最近のおもしろい実験結果をつけ加える。上の写真は、多くのアクチンフィラメントがゆらぎながら水中に並んでいる様子を示したものである。現在は光学顕微鏡の進歩によって、アクチンフィラメント一本一本が直接観察できるようになった。脂質膜で球状のふくろのようなものを作り、その中で、入れたアクチンフィラメントのたばに輪を作らせることができた。膜の内側に沿って丸くなっている。実際の生きた細胞、例えばウニの卵細胞の中で、アクチンフィラメントがこのような形を作る時期がある。膜の内側にくっついたまま、輪が収縮すると細胞全体にくびれができる。このような過程が卵細胞の分裂のときにおこる。

細胞はアクチンの状態を制御し、アクチンフィラメントの集合体を必要な形に整えることができる。それを実行する指令はどこから出ているのであろうか。すべてをＤＮＡにもとめるわけにはいかない。

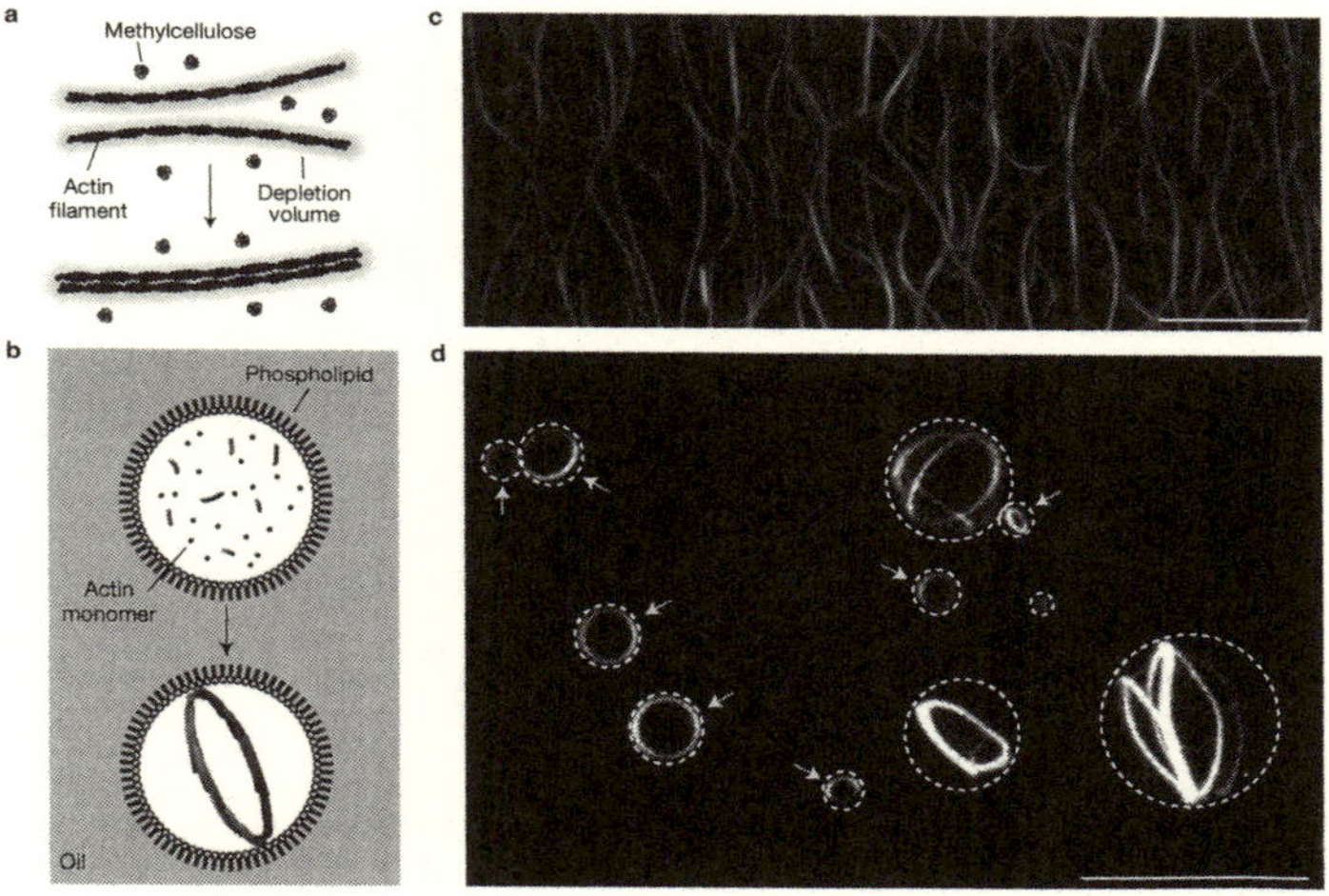

アクチンフィラメントの集合と変形

アクチン分子がじゅず状につながることによってアクチンフィラメントができる。水中でゆらゆらと曲げ運動をする。水中に脂質で作った球状のふくろを作って、その中にアクチンフィラメントを入れる。適当な条件を作ると、このフィラメントが球の内側に沿って輪のような構造を作る。こういうアクチンフィラメントの輪状構造は、生きている細胞の中にも見られる。(石渡信一氏らの実験による)

5　ゆききする反応

話の対象は全くちがうが、細胞の膜には、特別なホルモンなどが外から来るとそれを結合するタンパク質分子が存在する。ホルモンが結合するとタンパク質分子の細胞内のある部分が特別な化学反応を行なう性質があって、となりのタンパク質分子の特定の場所にリン酸基を結合させる。その結果がさらにとなりに伝わって、外からホルモンが来たという情報が拡がる。

実際はもっと複雑であるが、無理に簡単にすると外から情報→リン酸化という話である。外からの情報がなくなると、リン酸は外れてタンパク質は元にかえる。

ところがその後の研究で、ホルモンが来ても来なくても、細胞内のタンパク質にリン酸基がくっついたり離れたりが常におこっていることがわかってきた。化学反応の行ったり来たりが平生からおこっていて、ホルモンという情報が来たり去ったりすると、化学反応のゆききのはやさが変わるのである。システム全体の状態はいつでもゆらいでいる。

五〇年前には、化学反応は環境条件によって一方むきにおこり、条件が変わると反応の向きが変わる、といわば決定論的に考えられていたが、現在は基本的には常にゆきさがあって、条件によってゆらぎの状態が変わる、という考え方が一般的になりつつある。じっとしていないことが肝要である。

結び

積み木細工とか部品主義とかは、生きものの一面をうまく表現することばである。しかし、生きものの〝状態〟、細胞の〝状態〟は、常にゆれ動いている。ゆえに、外から何らかの刺激がきたとき、情報がきたとき、生きもの、細胞がどういう応答をするかはきまってはいない。それが〝自主的に〟の内容である。自発も自主も、生きもの自身の状態から生まれる。

2 生きものは〝やわらかい機械〟をもつか?

1 遺伝子の実体

シュレディンガーはその著書『生命とは何か』の中で、遺伝情報をになうものは極めて長い鎖状高分子で、その分子中のさまざまな原子の並びが遺伝情報であると推測した。情報とは元来一次元のものである。一次元に並ぶいろいろの原子の一個一個が情報としてかけがえのないもので、それぞれ変更も欠損も許されない。原子どうしの結合は共有結合と呼ばれる、量子力学によってはじめてその存在が理解されるものである。量子力学の創始者の一人であるシュレディンガーはこの推定に満足した。そして約十年後、ワトソンとクリックによって遺伝子DNAの二重らせん構造が明らかにされ、遺伝情報の複製の道程まで推定できてしまった。この情報は、各生物一個の生きている間、変わらず保持される。

2　かたい機械

この遺伝情報が機械の設計図のようなものであるとすれば、一個の生物が一個の機械とみなされる。シュレディンガーはそう考えた。生物のはたらきは物理の法則の中でも力学・電磁気学などのような決定論的な法則に従うもので、そこに確率論的な要素の含まれる法則の働く余地はないと考えた。まさに固い〝機械〟である。

湯川秀樹さんは古典物理学を解説する著書の中で、最近の分子生物学の発展はデカルト以来の力学的機械的世界観を復活し、強化しつつあると書いた。

3　シュレディンガーの躊躇

シュレディンガーは生命は機械であると書き、したがってヒトも機械であると断言し、私自身も機械であるとまで書いたが、さすがに〝私〟となるとそこにつけ加えざるをえなかった。私も機械であるが、同時に私という機械の動作を支配する主人であると。

そこで話は再び、本書のI以来の生きものらしさ、自発・自主の問題につながる。

4　やわらかい機械

そこで、機械工学で定義する機械は入出力関係が1対1で一定であるという考えをゆるめて、融通性のある〝機械〟を考えてはどうか。機械という概念をゆるめて、決められた動きしかしない（できない）のではない、としてはどうか。というのが、この章の主旨である。

3　筋肉収縮の場合

生物のもつ運動機械の中でもっとも発達したと考えられる筋肉（骨格筋）から、話をはじめる。生物の機械はかたいか、やわらかいかという質問の意味を理解するのに適切であるからである。

骨格筋には、三つの状態がある。①休止、②収縮、③硬直、である。神経を伝わって筋肉細胞に収縮せよという信号が来ない限り、筋肉細胞は休止状態にある。別に伸ばそうという力を働かせているわけではない。神経からの信号が到達すると筋肉細胞は収縮する、あるいは収縮しようという力を発生させる。神経からの信号がつづく限り収縮状態（力発生状態）をつづける。信号が来なくなると休止状態に戻る。筋肉の長さは休止状態に戻る。別に伸びる力が筋肉の中で発生するわけではない。硬直状態は、収縮力が発生したまま筋肉が固定してしまった状態である。生きている筋肉細胞では、①休止と②収縮の二状態の間を往復する。

1　筋肉細胞の内部構造とその収縮

収縮は、二種の平行に並ぶタンパク質分子が集まってできたフィラメント間のすべり運動による。それを簡略化した図で示す。

図の左右の方向が筋肉繊維の方向で、筋肉の伸び縮みする方向である。図の中央の、横に長い構造はミオシン分子の集合体で、「太いフィラメント」という。ミオシン分子一個は棒状で、それが少しずつ横にずれながら多数結合して束になっている。太いフィラメント全体の左半分と右半分で、ミオシン分子の向きは逆である。各ミオシン分子の頭の部分

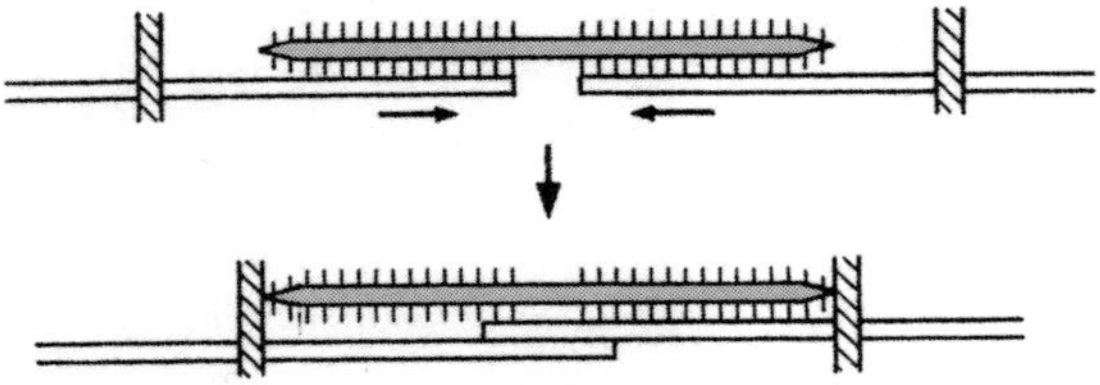

筋肉収縮のモデル

太いフィラメントと細いフィラメントとの間のすべり。

は、太いフィラメントから横に出て、それぞれ先はかたまり状になっている。太いフィラメント全体をボートと見立てると、ボートの右と左に多数の漕ぎ手がのっていて、腕を横に出して水をかこうというように見える。左右の漕ぎ手が逆に漕ぐので、ボートは動かない。

ミオシンの太いフィラメントの前半（左半分）、後半（右半分）それぞれに平行に数本のアクチンフィラメントが存在する。ミオシン分子の頭、すなわち漕ぐ手の先はアクチンフィラメントに結合し、それをボートの中央の方向へ動かす。アクチンフィラメントの後端は横に張ったネット状の構造に結合していて、ネットが太いフィラメントの左右両端にぶつかったところで止まる。これが筋肉の単位機械の収縮である。ミオシンの太いフィラメントとアクチンフィラメントは、ともにその長さは変わらず、お互いの位置が平行にずれる。ミオシン・アクチン間の〝ずべり運動〟が筋肉収縮の内容である。筋肉細胞の中にはこの単位構造が縦方向にも横方向にも極めて多数並んでいる。

このすべりは、ミオシン分子がＡＴＰという分子を分解する反応とカップルしておこる。〝ＡＴＰ分解がすべり運動のエネルギー源である〟という表現がよく使われる。その内容として多くの人の考えでは、ミオシン分子が①ＡＴＰを結合し、②それを二つの部分ＡＤＰとＰとに分解し、③分解物ＰとＡＤＰを次々に離す。

これとカップルして、

①ミオシン分子の先端はアクチンと結合し、

②オールを漕ぐように、腕を曲げアクチンフィラメントを動かし、

③アクチンから離れる。

化学反応①②と物理的変化①がおこり、次いで反応③とともに②がおこる。そして①とともに③へかえる。大ざっぱにいうと、このように化学反応と物理的構造の動きを対応させる。まさに「かたい機械」的考えである。

ミオシンがアクチンをオール漕ぎで動かすというモデルでも、ミオシンがアクチンの上

を歩いていくモデルでも、アクチンは単なる固い棒のようにみなされている。

そこで前節にのべたように、アクチンフィラメントのやわらかさを実測した。溶液中でアクチンフィラメントはまっすぐになったり、ゆらゆら曲がったり熱運動をしている。顕微鏡で直接見える。決して固い棒ではない。小さな分子がつながった細いフィラメントが室温の水中にいるのである。やわらかく動くのは当然である。

しかも水中のアクチンフィラメントにミオシンとＡＴＰとを加えると、ＡＴＰ分解がおこるとともに、アクチンフィラメントの曲げやねじれの運動が大きく速くなった。つまり曲げやねじれ運動の見かけの温度が高くなったというのである。構造が変わったというよりも〝状態〟が変わった。

2　入出力タイトカップリングかルースカップリングか

大多数の研究者は、すべり運動に際して化学反応と物理的構造変化との間に一対一の「かたい機械」的対応を想定する。すなわち入出力タイトカップリングとする。これに対してそんなに明確な一対一対応はない。もっと多様で可変な対応であるとする、すなわち「ルー

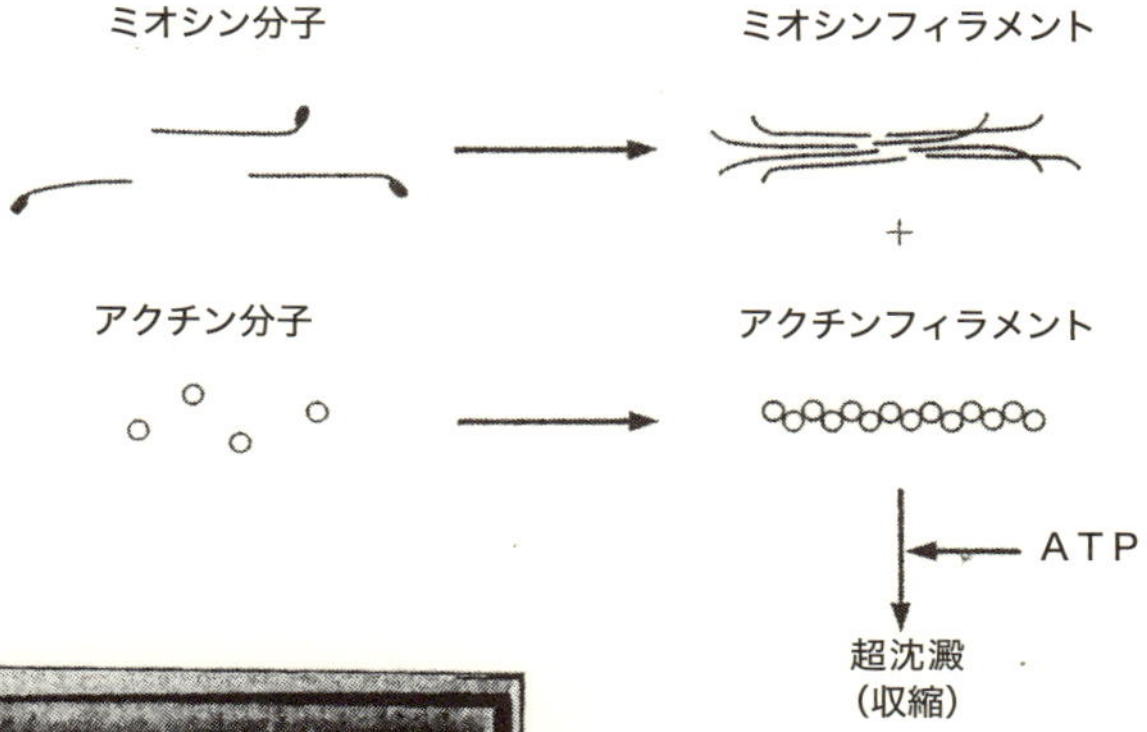

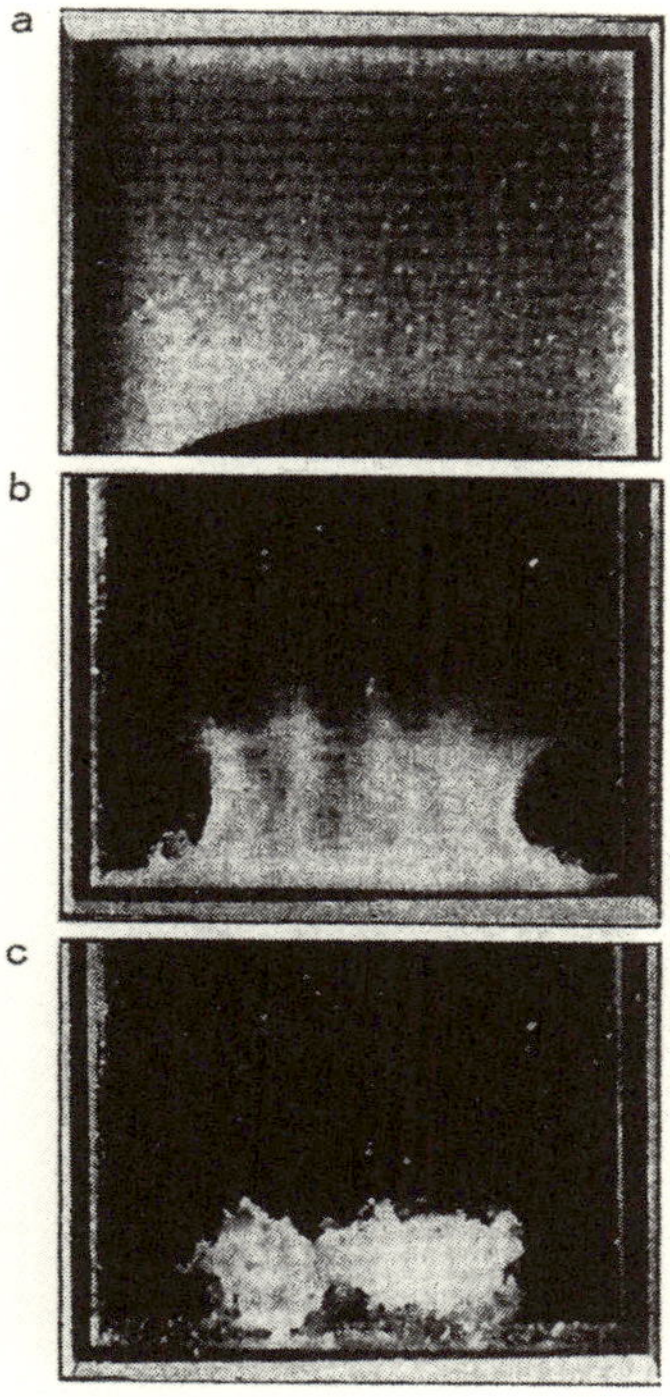

ATP 添加によるアクチンとミオシンの超沈澱。写真は、ミオシンフィラメントとアクチンフィラメントの混合溶液に ATP を加えたもの。
(a) ATP を加えた直後
(b) 超沈澱が始まったところ
(c) 超沈澱したところ

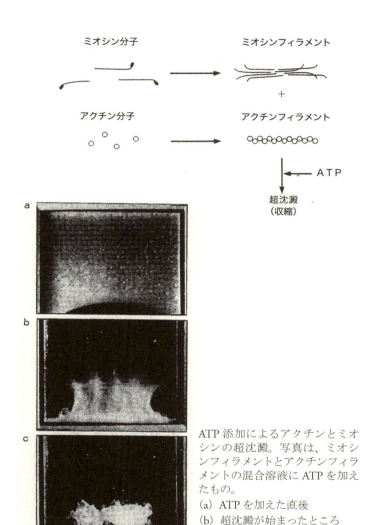

スカップリング」を想定したい。

ミオシン分子上でのＡＴＰ一分子の分解に伴って、アクチンフィラメントはどれだけすべり運動するか。一九八五年、その測定方法の詳細は省略するが、その結果はオールひと漕ぎとか一歩の歩きで期待されるよりもはるかに長いことが示された。一九九九年にはミオシン分子一個に印をつけて、その上でＡＴＰ分子一個が分解し離れていくのを顕微鏡で直接見ながら固定したアクチンフィラメント上をミオシンが動く様子が観測された。それは数ステップの動きからなり、ときには逆方向のステップも見られた。動き全体の距離も速さも一定ではなかった。つまりルースカップリングということになる。

欧米の「かたい機械」的考えは強固である。タイトを支持するとされる実験も相変わらず次々に報告され、タイトかルースかの結論はすぐには出そうもない。私は前節の終わりに述べたアクチンフィラメントの〝特別な状態〟の形成が重要なヒントになると思っている。

3　べん毛モーターについて

「ルースカップリング」という言葉は、私が初めて使った。

生物分子機械のもう一つの代表として、「バクテリアべん毛モーター」がある。これはバクテリアの細胞膜に埋めこまれ、細長いらせん状のべん毛を回転して、推進力を出す。この機械の入力は、モーターを通って細胞の外から内へ流れる水素イオンの電流、出力はモーターの回転速度である。流れるイオン一個当たりのモーターの回転角が一定であれば、入出力タイトカップリングである。欧米から提出された回転メカニズムは、タイトを設定するものばかりであった。それに対して、私はルースメカニズムを提案した（一九八二年）。以来十年位をへて、生物分子機械の入力出力関係がタイトかルースかという質問は、世界に通じるようになった。多くの論文では「タイトかルースか？」――実験結果はタイトであることを示唆する、と書かれている。モーターを流れるイオン電流は小さすぎて、それだけを直接測定することは不可能である。タイトかルースかの直接の答えを得ることは難しい。

生物が回転する運動機械をもっていることがわかったのは、一九七〇年代のことである。それまでは〝回転機械〟はヒトの発明であると思っていたので、それがもっとも〝下等な〟としていたバクテリアがもっていたので驚きだった。大腸菌のバクテリアは、長いべん毛を細胞表面に数本生やしている。べん毛はらせん形を作っている。それを根元にあるモーターで回転させると、らせんの形が前に進み、推進力が生まれる。らせんがスクリューの役目をする。光学顕微鏡技術が発達し、それが直接見えるようになった。

その上、この回転の動力が、バクテリア細胞の外から内へ流れる電流であることがわかった。バクテリア細胞は水中で泳いでいる。水の中には水素イオン（陽子―プロトンでもある）が少量存在する。バクテリア細胞は通常、内が外に対してマイナスの電位をもつ。この電位差に従って、プラスの電気をもつ水素イオンが細胞外から内へ流れる。その一部がモーターを流れて、モーターを回転させる。水の中であるから、針金の中のように電子を使うわけにはいかない。

モーターの存在と、その動力が電流であることから、多くの研究者がメカニズムについてのアイデアを提出した。＋イオン一個が外から流れこむと、モーターがある決まった角度回転するという、入力出力1対1対応のタイトカップリング的考えにもとづいていた。その後、モーターの構造とイオンの通り道の構造は、研究するほど意外に複雑なことがわかり、回転メカニズムを明確にするのが難しくなってきたように見える。

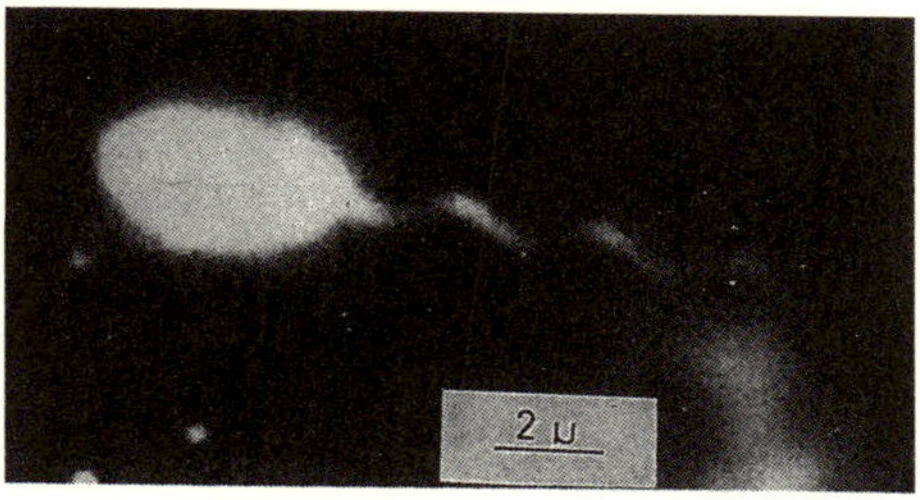

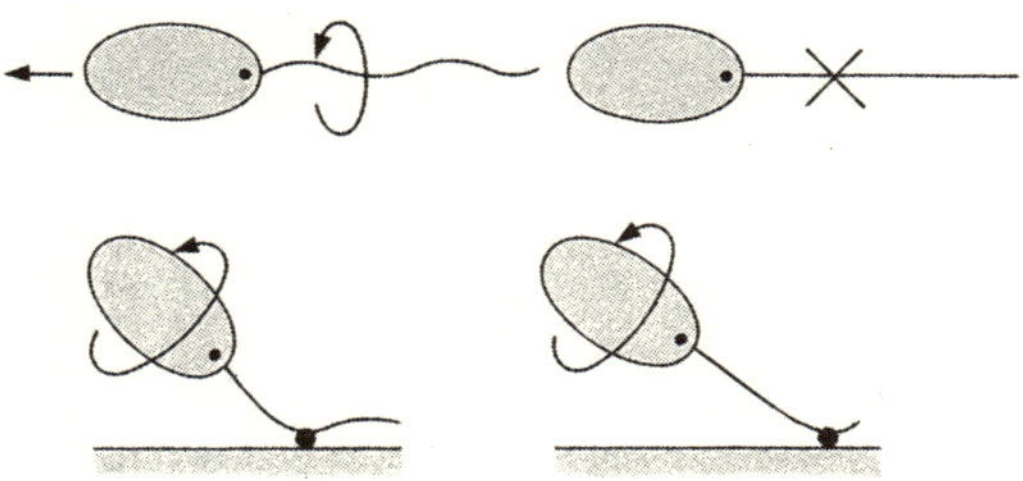

モーターの存在の証明

泳ぐバクテリアは、らせん形の長い尾（べん毛）をもっていて、それを回転させて泳ぐ。突然変異でべん毛がまっすぐになったバクテリアは泳げない。べん毛がまっすぐになったバクテリアのべん毛の先端をガラス板に固定させると、べん毛の根元と細胞表面との間に回転モーターがあって、このモーターの回転によってバクテリア細胞本体の方がまわる。（1974 年）

初期の実験で、細胞外と内との水素イオン濃度の差を小さくしたとき、例えば濃度比を3対1にしたとき、モーターの回転速度はおそくはなるが、それでもスムーズにゆっくり回転することが示された。これは、このようなミクロの世界で平均化操作が行なわれていることを示唆する。このことが、私がルースカップリング説を提出したきっかけである。

イオン一個一個の動きとモーターの動きが決定的な関係にあるとは思いにくい。いずれにしても実験でイオンの動きの直接的観測ができるようになることが、タイトかルースかを明らかにするには何よりも重要である。実験が難しいからといって、放っておくわけにはいかない。

4 粘菌の運動

前に述べたように、粘菌の細胞のなかみ、原形質はほとんど休むことなく、前進・後退、大きく小さく往復運動をしている。そこには、すでに述べたアクチン以外に、ミオシンも存在する。ただしそのミオシンは、筋肉の場合のような固く集合した太いフィラメントは作らず、分子間の結合は弱く、離合集散しているようにみえる。アクチンフィラメントは筋肉のそれよりやわらかく、切れやすそうにみえる。ゆえにミオシンとアクチンとの間にすべり運動がおこっても、筋肉の場合のような整然としたものにはならないであろう。

にもかかわらず細胞全体としては、各部分で、休まず大小いろいろのスケールの運動がおこっている。何が運動の速さや向きの制御をしているかはわからない。アクチン・ミオシンの作る構造自体も、たえまなく変化する。

大きく拡がった細胞全体としての意志のようなものはあるだろうか。前述したアクチンの状態論が、現実に意味のあるものになる。細胞生物学では、アクチンの状態論が主題の一つになりつつある。

本節では、まず、生物のもつ分子機械の代表的存在——筋肉収縮のすべり運動の機械をめぐって、機械はかたいか、やわらかいか、機械の入出力カップリングはタイトかルースかと問いかけながら、分子機械の〝状態論〟の可能性に言及した。次には、下等生物における運動システムの状態論をとり上げた。これらの議論は、本章の冒頭にあげた湯川さんの問いかけへの答えの手がかりを得ようという意図をもっているつもりである。そして次章の主題につながるものである。

もう一つ、ミオシンとアクチンとの組み合わせに似た系がある。それは、キネシンというタンパク質分子と、マイクロチューブルという長い円筒状のタンパク質分子集合体との組み合わせである。マイクロチューブルがアクチンフィラメントに対応し、その上をミオシンに対応するキネシンがＡＴＰを分解しながらすべる。例えば神経細胞の細い管状の部分の内部に長いマイクロチューブルが存在し、膜で包まれた袋をくっつけたキネシン分子がその上を動く。袋の中に神経細胞の中央付近で合成された種々のタンパク質分子が入っていて、それを細胞の末端の方へ運ぶ。ゆえに、キネシン分子がチューブル上を進む方向は決まっている。

マイクロチューブルをガラス板上に固定し、キネシンに袋の代わりに重りになるものをつなぎ、ＡＴＰを加えてキネシンの動きを観察する。キネシンのチューブル上の動きは再現できる。ＡＴＰ一分子の分解当たりキネシンの動く距離は、マイクロチューブルを作るタンパク質分子一個分に相当し、ほぼ決まっている。この動きを止める向きに重りの力をかけるとどうなるか。元来キネシンはマイクロチューブル上を両方の向きに動ける。重りがないと一方向に決まっているが、重りを増すと逆向きの一歩もおこる。正逆両方向への一歩のおこる確率が変わる。どちらの向きへの一歩についても、ＡＴＰ一分子の分解を伴う。この結果は、ＡＴＰ分解とすべり運動とはルースカップリングがあることを意味する。キネシンもまた、ミオシンと同様にいろいろの動き方をする。いまのところタイトとかルースとか決めつけるわけにはいかないが。

5　シャジク藻（車軸藻）の原形質流動

図は、池の中に生えているシャジク藻を画いたものである。水中にある茎の節から節までが一個の細胞で、細長い円筒状の細胞であり、その中で原形質が周回運動をしている。円筒を縦切りにしたとき、片方の半分の細胞で原形質は細胞膜に沿って上方へ流動し、他方の半分で下方へ流動している。細胞膜の内側半分には多数のアクチンフィラメントが方向をそろえて平行に並び、対する半分にはアクチンフィラメントが逆方向に平行に並んでいる。そのアクチンフィラメントに沿って、ミオシンがすべり運動をする。ミオシン分子

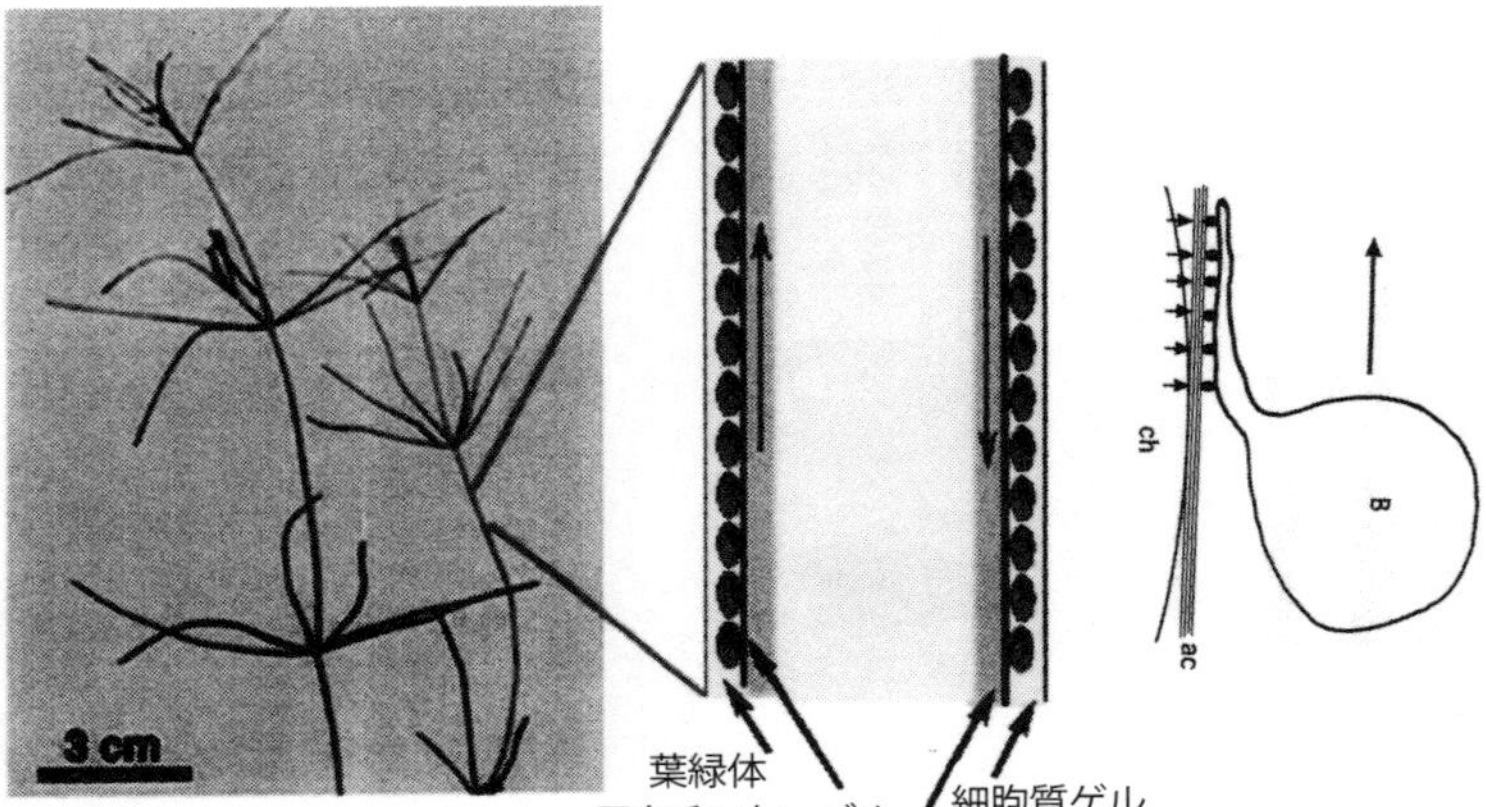

車軸藻（Chara corallina）

原形質流動

を数個結合した小さなふくろが動く。ふくろの中には、下から上へ運ばれるべき分子などが入っている。それら分子を上へ運んだあと、ふくろは逆むきに下へ動き、元に戻る。

このすべり運動の速さは、すべての動植物細胞中に見られるミオシン、アクチン間すべり運動の中で最も速いといわれ、一分間約七十ミクロンである。なぜそんなに速く動けるかはわかっていない。一歩の幅がよほど大きいか、脚の回転がよほど速くないといけない。

池の中のシャジク藻にさわると、さわった場所で直ちに細胞中の原形質流動が停止する。数十秒後、また動き出す。泳いでいる魚が藻にふれても同じことである。魚の方はもちろん何かにさわったことを感じている。双方鋭敏な触覚をもつ。

結び

生物は、運動ばかりでなく、多くの機能をもつ〝分子機械〟をもつ。

従来は、機械ということばを使う以上、「かたい機械」しか考えてこなかった。しかし、ここに「やわらかい機械」という考えが提出された。

いまのところ、それらの機械の入出力がタイトカップリングかルースカップリングかという問いは、問う価値があることは認められてきたと思われる。答えは容易には出てこないし、場合によってちがう答えになるであろう。

いずれにしても、この問いは、〝生きものらしさ〟をもとめて、という要求に沿うものである。

〈幕間〉日本の科学者として

1　日本語と日本の科学

山田稔氏（フランス文学者・作家）の著書の中に、次のような文章を見つけた。〝フランスへの機上でとなりが若い女性だったので「学生さんですか」とたずねたら、答えは「まあそんなところです」であった。パリの大学で日本語を教える中で「まあまあ」という表現を教えたら、学生の間にそれが流行して、何をきいても「まあまあ」という答えが返ってきた。今週は日本語の勉強をしたかね、と訊ねると「まあまあです」という。日本語を教えることは日本文化を教えることである、と悟った。〃文化には科学も含まれるから、日本の科学も日本語と密着しているはずである。フランス語にはないのであるから、英米語にも「まあまあ」はない。彼らの科学にもない。

彼らの科学の始まりは「まあまあ」を許さなかったことにある。地球は動くか、動かないか。その中間はない。ことばにもなかった。そして地球が動いた。今は宇宙の中のものはすべて動いている。宇宙の中心といえるもの、あるいは場所はあるのか、それは動かないのか、それはわからない。

どういうことばを使っているかは、科学研究の内容に影響する。たとえば日本で大学院コースを終えてドクターになった直後、アメリカの大学の研究室に留学した、研究分野はほとんど変わらなかったにもかかわらず、研究スタイルは完全にアメリカナイズされていた。ふだん話したり討論したりすることばはうまくなっていたが、本人はそのことに全く気がついてなさそうであった、ということがある。研究の対象を、あるいは考え方を的確に簡略化したことばを彼らは発明する。そのことばを議論の中で、論文の中で積極的に使う。若い日本人研究者はそのことばの意味をしっかり理解せずにそのまま盛んに使う。暗にそれは彼らの考え方にのっかったことを意味する。日本人はまず日本語で自分の考えを創出し表現し、それにもとづいて適当な英語をあてる。適当な英語がなければ自分で創ればよい。

相手のことばにのっかって、そのまま彼らのルートの上で研究していることが多いと思う。そうすると、マラソンでいうと彼らの決めたルートをいっしょに走り、第一グループの中にいること、しょっちゅうテレビに映っていることに満足してしまうようになる。研究者として仲間に認められているが、基本的な独創性に乏しくなる。ことば作りの上で負けている。

研究のことを考えるのは、あくまで日本語によってである。そこには日本文化の歴史の蓄積がある。科学研究の中で出てくる創造性も、日本文化に根がある。ルースカップリングにも「まあまあ」の根がある。直接気づかなくても無理して英語で考えるのとはちがう。英語にするのは、そのあとのことである。

はじめから英語で考えなくてはいい英語論文が書けない、というのは思いちがいである。日本人の書いた、独創性にみちた、すばらしい英語論文はいくらでもある。

2　種から、根から、日本で創る

グローバリゼイションということばにおされて、世界の科学は一つでないといけない——たしかに物理は一つ、化学も一つ、であるというので、最近、日本で開かれる多くの学会（出席者はほとんど日本人で外国人がぱらぱら）で講演は英語で、質疑応答も英語で、ということになった。ポスター発表も英語で、英語で書いたポスターの前で日本人同士が英語らしいことばをしゃべっているのをみると滑稽である。

日本人は日本語で考えている。日本語には多様な表現があり、意味がある。書くときにはひらがな、カタカナ、漢字がある。若い研究者が自分の貧しい英語で話せる範囲でしか自分で考えられないようになる心配がある。まず日本語で、日本の科学を創りたい。

すでに何十年か前のことになるが、名大の坂田昌一さんが物理教室の教室会議で珍しく自ら発言して、政府のおそらく当時の科技庁長官の突然の原子力研究所設立に反対して、「種もまかずに花だけ咲かせようとする気か」といわれた。日本の科学は自力で基礎から作らねばならない。

もっと最近の話で、理研で大きな脳研究グループを作ろうというとき、「そんなにおおぜい脳研究者はいませんよ、地方の脳研究者はいなくなりますよ」といったら、文科省の審議官は「いや研究費さえ用意すればいくらでも集まりますよ」といった。

種をまき、芽を出させ、根をはらせ、次第に大樹にそだつのを待つ。種はなるべく広くまかねばならない。そんなにゆっくりしていたらよそに負けてしまう、というのは誤解である。時間はある意味では速やかにすぎるであろう。例えばわれわれには次の、また次の、さらに次の世代まで見えはじめているから。

枝葉末節にとらわれるな、ということばをよくきく。私の親戚のお寺の何百年か前の住職ののこした書に、枝をため葉を刈ることなかれとある。私は大いに感心した。こまかいところそれぞれが成長してはじめて広く大きい樹となる。

3 問題を作ることと解くこと

科学には大まかにいって、問題を作ることと解くことの二つがある。

小学校から始まって中学・高校・大学へ進むとき、数学あるいは算数という段階で教えられるのは、ほぼ問題を解くことである。解き方を学ぶのである。そして解く速さの競争をしたりする。

私の場合、問題を作るということが問題であることを教えてくれたのは、旧制高校時代の八高のときであった。八高の数学の先生に変わった人がいて、講義をきいてもさっぱりわからなかった。生徒一同はお手あげの状態であった。ところがこの先生が夏休みに「数学の問題を自分でできるだけ多く作って自分で解いたのをもって来い」というのを出した。これが問題を作ることも問題であることを知ったはじめての経験であった。私はトランプのひとり遊びから自分が勝つ確率はいくらかという問題をたくさん作って出した。八高三年間の数学の授業は何もおぼえていない。しかし、問題を作ることが問題でありうる、ということを知ったのは重要であった。他の物理・化学・生物などで何を習ったかは全くおぼえていない。

もう一つ、高校時代の忘れられない話は英語の先生。これが非常に論理的な教え方をする人で、男女差別や貧富の差の暴言をする人でもあった。その人が英語の授業中に突然私に向かって「お前、ポアンカレーの『科学の価値』という本をよんだらいい」といったことである。何故、何のために、は何の説明もなかった。私は正直にそれに従った。もちろん日本語訳であるが、文章も内容も何もわからない。それをむりやりよんだ。これだけが〝科学〟に関する知識であった。これだけの状態で東大の物理学科へ入った。

大学での講義に〝おもしろい〟という感じはなかった。今から思うと〝おもしろくない〟ことの原因は、問題を解くことばかり講義されていたからではないか。問題を作った話があまり講義には出てこなかったように思われる。

ところが私にもっとも影響したのは、偶然入った下宿の人々である。そこには理学の学生の先輩、同輩ばかり十人近くがいた。その中の一人が私に「あんたはギブスの統計力学とディラックの量子力学をよむといい」といってくれた。

これが私のその後の物理の運命をきめた。ギブスの本は全文をノートに筆写した。ノート三冊にきれいな字で写してある。写したが、英文をよんだ。文章も式もむつ

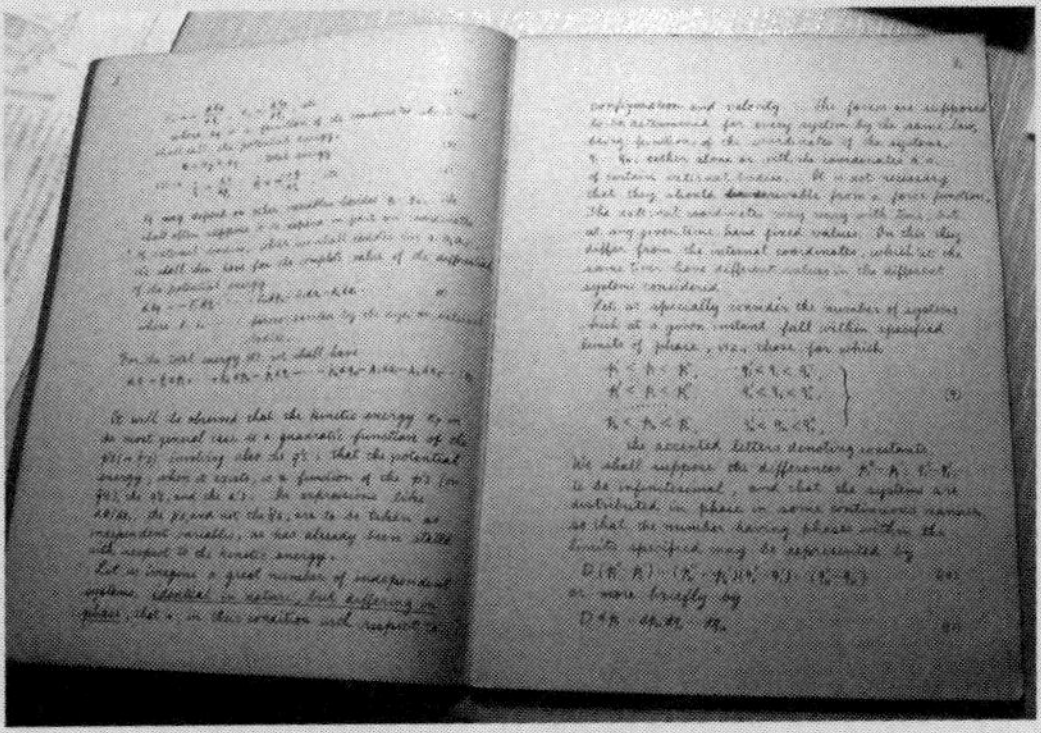

ギブスの本をノートに筆写した

かしくなかった。ところがこの本をギブスが何のために、どういう意図で書いたのかが、全くわからなかった。そのわからなさが、私には魅力であった。学問を作るとはこういうことか、その一端がわかるかもしれない。これが私の物理のはじまりだったのかもしれない。

その後、私は問題を作ることの方がおもしろい。解くことはあとからついてくる。という想いが強くなった。そして正統的物理にはとらわれず、もっと物理を広く考えて新しい分野を歩きまわりたいと思った。

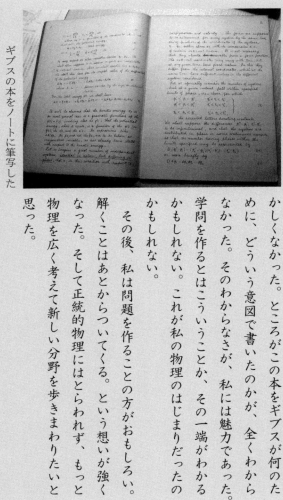

4　寺田物理学の流れ

東大卒業の年（一九四四年）の春、物理学教室の学生は、学徒動員によって真空管製造工場に泊まりこみとなり、大学で卒業研究をするどころではなくなった。私はうちの事情で卒業後は名古屋のどこかに就職しなければならなかった。ちょうど名古屋大学理学部設置の直後であった。東大物理の就職係の教授に、名大物理へ私の就職を依頼する手紙を書いてもらった。そこには、本人はオーソドックスでない物理をやりたいといっている、と書いてもらった。当時、名大物理の主任は、地球物理が専門の宮部直巳教授であった。意外にも直ちに、大沢を私の助手として採用したいといってこられた。私はすぐに名古屋に帰り、名大に行き、宮部教授にはじめてお会いした。両大学教室間の相談により、私は東京で勤労動員に加わるより、東大卒業予定は九月末であったが、名大へ直ちに通う方がよいということになった。

こうして宮部研究室の実験室の一角に、私の机がおかれた。さしあたり私が〝研究者〟になれるかどうかが、私にとっての問題であった。

宮部教授室へ行って、「何を研究しましょうか」とたずねると、「何でもいいよ、大沢君のやりたいことをやりたいようにやればいい」といわれた。宮部さんは卒業研究のためにくる学生には一人一人テーマを決め、実験のやり方を説明された。私には一切そういうことはされなかった。助手、つまり教官側の一人だからとされたのであろう。

そのころ私は宮部さんがあの寺田寅彦の弟子で、地すべりや地盤沈下などが専門であることを知った。学生の卒業実験のテーマには地すべりのモデル実験や、岩石の粘弾性測定や、樹木の燃えたときの煙のスペクトル分析などがあたえられた。宮部さんの仕事は、世の中から〝寺田物理学〟といわれ、ひまつぶしの物理とみられた。私はそういいう方に無関心であったが、宮部さんにとっては〝純正物理〟は居心地のよいところではなかったかもしれない。宮部さんは一九五〇年、東京の地理調査所に移られた。

私は土の微粒子〝泥〟が水にとけた〝コロイド〟溶液をとりあえずの研究対象にした。これを試験管に入れて立てておくと、泥の粒子がゆっくり沈澱する。試験管を窓際の机の上に二〇本位たてておいて、毎日ながめていた。泥粒子はなかなか沈まないが、ある日、泥水の中に対流がおこっているのをみつけた。横むきに層を作って試験管の中をぐるぐるまわる。各層はうすくて、試験管中に何層も上下に重なってまわる。一滴の墨汁をたらすと、その水の層の回転がよく見える。晴れの日は各層の厚さが大きく、曇りの日は小さい。すなわち層の数が多い。

これは晴れの日には一本一本の試験管の窓側の温度より部屋の中側の温度が少し低いからであろう。このわずかの温度差が対流の原因であると見当をつけた。一本の試験管をうすい銅板でぐるっと取り巻くと、試験管の中の対流はたちまち消えた。

温度差がなくなって、対流は消えた。

毎日同様の実験をして、その日が晴れか曇りか、対流がおこったかどうか、一層の対流の厚みはどうかを記録して、日記風にかいたデータ記録を作って宮部さんに見せた。宮部さんはホーといってリポートを受けとり、机の引出しに入れ、何も反応はなかった。その後も別に何もなかった。

何十年か後に、寺田寅彦の弟子たちが各々寄稿して、寺田先生の思い出集が出版された。その中の一つに、名大物理学の関戸彌太郎教授の文章があった。寺田―中谷宇吉郎―関戸のラインで、私と同様、寺田寅彦の孫弟子に当たる。その文を書き写すと、〝私が最近実験の事でときどき迷惑をかけている大沢は宮部の弟子で宮部が作った泥の研究室を高分子の研究室に変えてしまった。しかし最近大沢の見せたバクテリアの遊泳行動の顕微鏡映画をみると、あれはまさに寺田物理学そのものである〟とある。私は大へんうれしかった。宮部さんの在任中は何やかやと実験の材料などについて批判ばかりしていたが、長い時を経ると明らかに私の頭の中に宮部さんの影響が残っていた、という話である。

東京に移られた後、宮部さんは国連の仕事として東アフリカの地理調査に行かれたが、その紀行文はさすが寺田寅彦の門下としてとても上手に書かれていた。

5　奇現象・ホント？

ちょっと変わった話題をとり上げる。生きものの研究では毎年一つか二つは奇妙な現象が〝発見〟される。ホントかウソかわからない。

三〇年ほど前、大腸菌を培養している液にある一定の周波数の電磁波をあてると、増殖の速さが数倍に上るという報告がモスクワから出た。イギリスの著名な理論物理学者がそのメカニズムについての説を出したので世界的話題になった。

そのころ、数年間に〝発見〟された、おもしろいがホントかどうかわからない現象を数えると、十件位はすぐ集まった。電気・磁気がらみの話が多い。

この際生きている細胞への電気磁気の作用と題する会を開いて、奇妙な現象がホントかウソか議論しようということになった。場所はイタリアのシシリー島で。各現象ごとにホントという人達と、ウソという人達に必ず出席してもらい、中立に各分野の大家を招いた。計七〇人位となった。エリチェという小さな山の上の城あとに会場があり、食事は街でとった。

第一の話題は前述の大腸菌の増殖の電磁波による加速であったが、これは発見の本人が再現に失敗し〝ウソ〟となった。

次に、脳の一個の細胞の内外をカルシウムイオンが循環する動きが高周波電磁波によって著しく加速されるという話があった。これは若い研究者の仕事で実験にずさんなところが多く、結果は認められず、やり直しとなった。彼は全く気おちするところもなく、やる気満々だった。

もう一つ、水中でＤＮＡが特殊な周波数の電波を吸収するという報告がドイツ・シュトゥットガルトから、吸収しないという報告がロンドンから出され、判定保留となった。

生きものはちょっとした環境条件の差で答えがちがう。

会はうまくいった。出席者の構成と問題の選び方がよかった。イタリアらしく、どこでいくら飲んでも食べても無料という券を出席者はもらっていた。休み時間が長く雑談がつきず、長い歴史をもっていて、自信たっぷり、余裕たっぷりという感じがわかる。日本でもこんな会議があるといい。

＊

この学会の話と関連して、つけ加えたいことがある。

当時ちょうど話題になっていた、ケイタイ電話の普及は果たしてヒトの生活に無害であるか、という問題であった。私の研究室に卒業研究に来た学生が、ゾウリムシの泳いでいる水槽の傍にケイタイ電話を一日中おいて、ゾウリムシの泳ぎに変化が現われるか実験をしたいという。私は一つのケイタイ電話をそのままおいておくのではなくて、別に作った高周波電磁波の中にゾウリムシの泳いでいる水槽を一日中おいておいて、電波の外においたのと泳ぎかたに差がでるかどうかを見た方がよいと考えた。あくる日、電波はなしにして、両方のゾウリムシの泳ぎを比較した。結果は、電磁波の中で一日くらしたゾウリムシはさかんに方向変換をくりかえすようになっていた。卒業論文に書かれた結論は、電磁波の中で一日中くらすとゾウリムシが〝いらいらしてくる〟であった。この実験は一年間行われただけなので、確実な事実として研究報告するに至っていない。

6　ネコの話

ヒトとネコとはエジプト数千年の昔から仲よくくらしていたようである。もっと何万年の前からかもしれない。だからお互いに心がわかるということだろう。

私はイタリアの北部のフランス近くの地中海沿岸の漁港ジェノアで数ヶ月ずつ二度暮らした。下町の長屋のようなアパート群に、大ぜいのネコが住んでいる。どのネコがどのうちのネコかはよくわからない。ネコから見れば、自分のうちがわかっているのだろう。朝、ネコは近くの公園に散歩に出て、公園の垣根の上を、今日は何かおもしろいことはないかな、という風情で歩いている。ネコの方からみると、私の方がそういう風に見えているかも。

寺田寅彦の短文集『柿の種』の中に、ネコの尾の話がでてくる。その一部を書き写させてもらう。

「猫の尻尾は猫の感情の動きに応じてさまざまの位置形状運動を示す。よく観察していると、どういう場合にどんな恰好をするかはいくらかわかってくる。しかし尻尾のないわれわれ人間には猫の尻尾の気持ちを想像することは困難である。(以下略)」

そうは思いながら、猫好きはときどき猫と対話できると思いたい。

最近、猫の写真集が出版されている。その中で、特によく知られたのは、岩合光昭さんのと、武田花さんのものである。岩合さんの猫はいつも幸せそうな顔をしている。武田さんの猫はそうでもない。岩合さんのそばにくる猫は、からだをなぜてもらいたい、岩合さんに話をしたい、話をききたいというように思える。

十年位前、ラジオの深夜番組で私の家庭の話をした。ちょうどうちの猫がそばを通りかかった。この猫はのんきで甘えん坊で、何も心配ごとはないみたいで、われわれの前を通りすぎた。少し歩いて、ふと立ち止まってやさしい顔をしてふり返る。何か悪口をいうと、こちらをふり返って何かいったなという表情をして、歩いていく。早朝の放送が終わって、外に出ると、お向かいのおばさんがいつもはあいさつだけなのに、このときは、あの猫の話は面白かった、猫はいつもああいう風ですね、人の話をちゃんと聞いてますね、と笑った。

わが夫《つま》の帰り待ちわび玄関でニャーニャーニャーとないているネコ

五ヶ月前家出せしねこ　夜明け前くりやの前でわれをよびけり　妻・安子作

あるパーティーでこの短歌を書いた色紙を見ている夫婦に、ネコはこういうとき、三回なくんですよ、といった。パーティーから夜おそく東京のうちに帰りついた夫婦から、玄関の戸を開けたとたんにうちのネコがとんできて、ニャーニャーニャーと三回なきましたと、電話でびっくりしたと報告があった。

Ⅳ

生きものの〝ソフト〟を問う

――結びにかえて

1 〝古典的な問い〟と〝現代の問い〟と

はじめに

生きものの研究が〝実験科学〟になったのは、最近のことである。物質一般の研究、特に物体の運動の研究が実験科学になったのは、何百年か昔のことである。ガリレイの実験がそのはじまりであるとすると、それは約四百年前のことである。生きものをめぐっての実験的研究の数は、普通の物理にくらべるとケタ違いに少ない。生物あるいは生命にかかわる実験は、最近急激に増加している。しかし生命の基本に関していえば、まだまだ常識的な問いに答えようとする努力は十分とはいえない。

たとえば進化についていえば、〝突然変異プラス自然選択〟という原則は、広く承認され確立したといわれる。〝獲得形質は遺伝しない〟という原則についても同様である。しかしこれは、〝今までの実験によれば〟という話である。生命の歴史は何億年か、その間自然界で上の問題にかかわる〝実験〟は何回行われたか、その数に比べてわれわれヒトが行った実験の回数はあまりにも小さい。もし一万年の間に実験で一回でも獲得形質の遺伝がおこったら、生命の歴史は長いから、世の進化論の定説はひっくり返ってしまう。結論をそう簡単に出してしまうわけにはいかないのではないか。

ここでは進化論に反対するのではなく、まだまだ生物の実験的研究の数は少なく、実験のあり方、問いの出し方について考えたい、という意味である。

現代生物学の状況が二十世紀半ばに一変するより前は、一般の人々は「生きものとは何か」、とか「生きている状態とは」、とかいう問題について、何を知りたいと思っていたであろうか。何に不思議を感じていたか。思いつくままに並べることにする。

1　生死のさかい目——古典的な問い

生きているかどうか。

百年余り前、人々は何かを見たとき、それが生きているかどうかの区別をしていただろうか。

畑の土の上には、無数のバクテリアがいる。その大部分は活動していない。土の一部を採ってきて、箱の中に拡げて、ふたをする。やがてその土のどこかに白いかたまりが生まれることがある。そこにいたバクテリアが増殖しはじめたのである。

自然の土の上では、バクテリアたちは〝ねていた〟のである。なぜか大ぜいの中の何びきかのバクテリアがめざめた。そのきっかけは、わからない。死んでいたのではなかった。どこかで〝生き返る〟何かがおこった。

どこにみかけの死から生への変換があったか、生と死の境目はわからない。

2　生きものの〝意識〟はどこで生まれるか

意識・無意識のちがいは？

意識とは、その生きものが自分自身の全体の状態を総合して把握していることではないか。

単細胞生物の場合、状態の総合的把握のためのシステム（または装置）が、細胞のどこかに存在するのではないか。

多細胞生物の場合は、それをうけもつ特別の細胞（群）がどこかにあるかもしれない。

3 〝眠る〟とはどういう状態か

古くからある質問である。睡眠の研究は多く行われている。最近の研究では、ある化学物質（プロスタグランジンの一種）が、脳の特定の場所にある細胞表面に集積すると、その動物（サル）が眠るという。そのような化学物質と、眠るという状態とのつながりは、よくしらべられている。

しかし、外から観察してその動物が眠ったとき脳の中の〝状態〟がどうなっているかはわからない。眠りのなかみ、脳のどこかの神経細胞群にどのような変化がおこったのか。眠るとともに、脳の細胞の電位変化に、ある特定のパターンが現れる。その意味は、よくわからない。

〝眠る—めざめる〟が、生物全体の中でどれだけ広くおこるのか、脳がなくても似た状態変化はあるのか。単細胞生物でも〝眠る〟かもしれない。

4 快と不快、そして喜怒哀楽

快・不快の感情や、喜怒哀楽の気もちを、ヒト以外の生物ももっているか、生きものすべてがもっていると思うか、と一般の人々にきくと、たいていの人は「もっている」と答える。ただわれわれヒトにわからないだけで。

自分の状態を把握しているとき、〝意識をもつ〟と前に書いた。そのとき何かの刺激・情報が来ると、それを感じる。その意味を理解する。そして〝評価〟する。その評価の結果に応じて、自分の状態を変化させる。それを表現する。その一つが、喜怒哀楽になる。

要するに評価がキイであり、そこには細胞とか一ぴきの生きものの個体、それぞれのそのときの状態が反映される。評価の基準も、個体に依存する。表現の能力もいろいろである。

このような経過が細胞や生きもののどこで、どのように行なわれるかはわからない。ここでは評価と表現の大切さを指摘することしかできない。

プロの生物学は、なかなかアマのききたいところに、頭も手もとどかない。

5　研究の現在

ところが一方で、ここ数十年来、分子レベルの解析的分析的生物学の進歩は急速である。細胞内で、あるいは細胞間でおこる諸現象の発見、その分子レベルでの詳細な記述が行われ、分子間の化学反応と物理的構造、あるいは状態の変化の連鎖の解明が着々と行われている。

この道の研究者の数は急増し、研究経費は何ケタも増大し、使われる実験動物の数も莫大となっている。それでも研究は順調に進み、諸現象の詳細な経過が明らかとなった。部品主義は成功しつづけ、医学への応用も実行されつつある。誰もがそれを高く評価している。

つまり現代生物科学は現代的質問を見出し、あるいは作り、それを順調に解きつつある。生きものについての古典的質問に関するときと、全く対照的である。

この状況は、この文章、序からここまでの記述の内容と深くかかわっていると思う。

2　生きもののソフトは？　心は？　目的は？

十年近く前、京都で、湯川・朝永生誕百年を記念して、いくつかの催しが開かれた。その中の一つに、物理学の各分野の日本における発展の歴史と現状を話す会があった。そこで私は、生物物理学分野について話した。話は、生物がもつやわらかい運動の分子機械の化学的自由エネルギーの力学的仕事への変換について、そしてもう一つは、生物の運動に見られる自発性について、であった。

私の話のあとで、聴き手の一人であった南部陽一郎さんが質問された。南部さんは、世界が世界一の基礎物理学者であると認める人である。問いは簡明、

「今の生物学はハードの学問ですね。生物のソフトはどうなっているのですか」

であった。さすが南部さんと思った。

今の生物学は、もっとも解析的な科学である。生物部品主義にもとづき、積み木細工的に構成されている。ゆえに研究は主に、部品と部品群の組み合わせの研究となる。すなわ

ちハードの研究である。しかも設計図は遺伝子にかかれていて、親から与えられている。勝手に変更はできない。すべてはハードで、ソフトに相当するものはどこに、どういう形で存在するのか。プロの生物学者はそういう問題意識をもつことがほとんどないと思われる。

私は南部さんの問いへの答えとして、「私が講演の後半に話したゾウリムシの行動にみられる自発性の問題は、そのソフトの問題の一つの入り口のつもりでした」といったが、わかってもらえたかどうか。なにしろ私はソフトの本来の意味をよく理解していないからである。

ただし南部さん自身は、生物学に興味を持つ一般の人々の気持ちを代弁して、現代の生物学のあまりの偏向を感じとり、それを簡潔に一つの質問に凝縮されたのであろう。その偏向は決して悪いとはいえない、ただ、残されている重大な問題を忘れるな、という意味をもって。

第一章の話に戻って、生きものらしさの一つ〝自発〟の発生に関して、次の図（図1）

にまとめることができる。

この図の各項目の関係は、厳密に考えて作られたものではない。最後のところ、意志を作るのは目的をもってであるはずだから、という意味である。

もう一つ似た例を前節の議論から作ると、喜怒哀楽に関してであるが、このような図（図2）も、考え方によっては幾通りも書けるが、前の図もこの図も、その全体をおおよそ囲むようなものとして〝心（こころ）〟がある、といいたいのである。

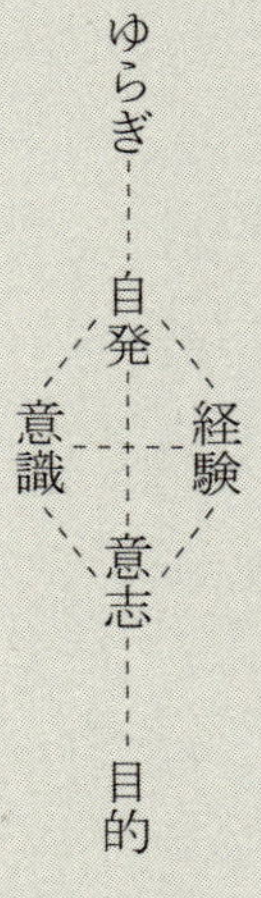

図1

図2

すべての生きものには心がある。すでに自発性のところで書いたことであるが、もう一度くりかえし書きたくなった。あるときテレビで高山辰雄画伯が、「ゾウリムシにも心がありますからね」と言われたのをきいた。また家の庭でアリが一日中せっせと土の上、石の上を歩いているのをながめていた画かきもいた。真っ白なアリの画をかいた。

母が子をみごもったとき、子は系統発生の道を辿りながら成長する。やがて手足を動かすときがくる。母がおなかを二度たたくと、中の子が手足を二度動かすという。ちゃんと一回、二回と数えているようである。母はいつかおなかの子が〝心〟をもつのを感じるときがわかるのではないか。その心は、前の二つの図のように形成されているかもしれない。

ここでひとことつけ加えると、前の二つの心のありようをかいた画で、前者は〝能動的、外向的〟な心の面であり、後者は〝受動的、内向的〟な面であると思っていいかもしれない。さて、お腹の中にいるとき、子はスポンタニアスに自発的行動をする。それはまさに思いつきでもあり、おのずからでもある。新生児となってしばらくすると、行動の多くはボランタリに(意志をもって)ということになる。心も〝私の〟というのである。

すべての生きもので——ということは胎児から新生児に至る間に、実現されていくことになる。

もう一つ書いておきたいのは、〝目的〟についてである。生まれてしまったものに〝目的は〟とたずねるのは、おかしいかもしれない。しかし生まれて何年か経って、自分の目的は、と考えるときが来る。実はすべての生きものは、自分の目的をもっているのではなかろうか。

目的をたずねることができるのは、地球上で、あるいは宇宙全体の中で、生きものにだけではなかろうか。宇宙のビッグバンは何のためにとか、太陽は？地球は？何のためにとか、あるいはもっとこまかくいえば、金・銀は何のために、とかは訊けない。このような問いに対する答えは期待できない。しかし、なぜか、自分が生きものであるからであろうか、自問自答しなければならないような気がする。

「良く生き、永く生きる」というのが、とりあえずの答えであろうか。

〝良く生きる〟とはどういうことか。――生きものらしく生きる。生きものは自然の中で自然に守られて、自然を守って生きたいと思う。

地球上での現在のことの成りゆきは、どこかで初心の目的には合わなくなってしまったように思える。今のうちに何とか基本から考え直さなければならない。〝生きものらしさをもとめて〟ということばには、そういう思いがふくまれているつもりである。

この書のIIの「はじめに」にも、これに通じることを書いた。

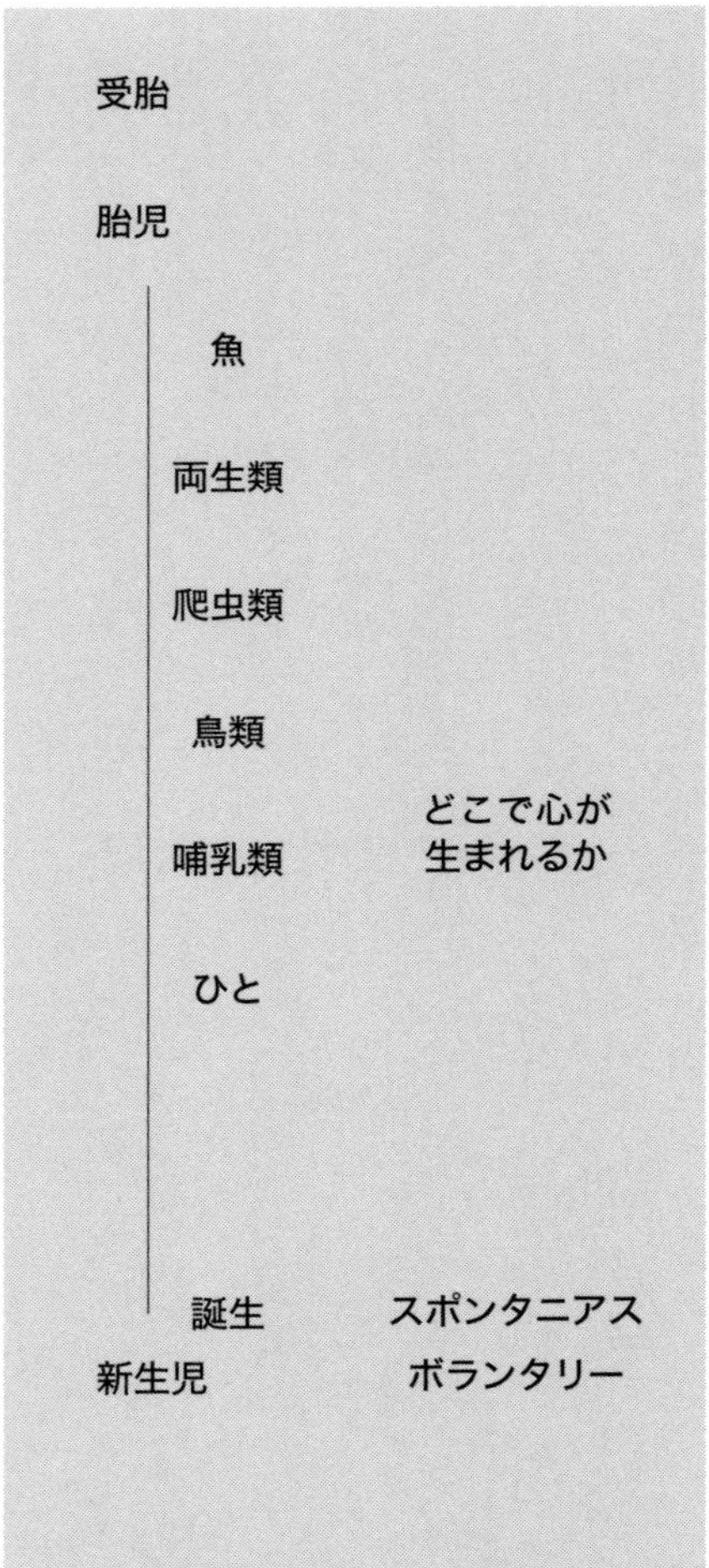

図3

ここまで書き終えたとき、南部陽一郎さんが亡くなられたという知らせをきき、南部さんがされた質問への私の思いを、もうひとことつけ加えたくなった。南部さんの「現在の生物学はハードの学問ですね。生物のソフトはどうなっているのですか」との問いに、かなり多くの生物学研究者は〝ソフトは脳がやってますよ〟と答えそうである。しかしそれでは、脳をもたない生きものにはソフトがないことになる。

私はくり返しのべたように、すべての生きものにわたって、段階はあるが断絶はない、脳のない生きもの、例えばバクテリアやゾウリムシにもソフトに相当する動作ができると考えたい。Ⅱの終わりの方で〝思いつきから意志へ〟がのべてあるが、その中にソフト的なもののみなもとが含まれていないか。そういうところから、今までとは少し異なる〝生きものらしさ〟の一面が浮かび出てくるのではないか。生きもののソフトは、という問いから、生きものらしさについてのもう一つ別の考えが生まれることを望みたい。

脳ばかりがソフトの中心であるとは言えない。喜怒哀楽もいろいろである。

「胸が痛む」「胸の痛みにたえかねて」などということばがある。悲しみの思いの一つの表現であるが、本当に胸に痛みを感じることがある。逆に「胸がおどる」と表現される喜びのときもある。こういうとき、生理的に胸に何かがおこっているであろうか。心が心臓に伝わって、血の流れる勢いが変わることはありそうである。心の動きだけで心拍は変わる。喜怒哀楽、快・不快の問題としてみると、心の問題として抽象的な面が強く浮かんでくるが、同じ語が具体的な生理的問題にもなる。

すべての生物に心があって、心のあり方が問題である。われわれヒトがヒトの心について考えるのはあたり前のことであるが、ヒト以外のすべての生きものの心のことも考えなければならない。

3 生きもの相互の関係

生きものの心の状態をあらわす代表的なものとして、〝快と不快〟と〝喜怒哀楽〟の二つの項目をあげた。

「生きものの〝快と不快〟」というタイトルの討論会を十数年前に提案したとき、「すべての生きものに快と不快の状態があると思うがどうか」と質問したところ、ほとんどの生物研究者は「あると思う」と答えた。生きもの相互の関係を考えるとき、上の二つ、すなわち〝快と不快〟及び〝喜怒哀楽〟について、一方の生きものの状態を、他方の生きもの——それが同じ種のものかちがう種のものかにかかわらず——が感じとるかどうかを問題にしたい。それが二つの生きものの間の親しさを表現する目安と考えたい。

例えば、一昔前には、農業に従事するヒトにとって、パートナーとして働く牛それぞれの快、不快や喜怒哀楽の状態は、わかるものであった。牛からみれば、相手のヒトの心の状態はわかるものであった。ヒト一人一人、牛一頭一頭にとって、わかり合ったと思う。相手が馬でも同様である。数はずっとへったけれども、相変わらず重用されている。以来数十年経つ間に、そのようなお互いにわかり合える関係はうすくなってしまったが。

冬になると、はるか北方から日本海をこえて渡り鳥たちがやってくる。長い旅をつづけて日本列島に近づき、紅葉になりつつある山々を見たとき、当然快を感じ、喜びを感じる。動物と植物との間にも親しさが生まれるはずである。鳥が木の実をついばむときの快、タネが散布される快、自然に成立した快の連鎖、このような快のつながりがいくつも成立しているとき、自然界に調和が生まれる。

快と不快、喜怒哀楽を心の状態の一部とすると、ある一個の生きものが、種が同じであるかちがうかにかかわらず、他の一個の生きものの心の状態を察知することができるのではないか。生きものにはお互いに、そのためのしかけをもつのではないか。そのようなしかけを各生きものがもっていると思いたい。

この本のはじめの方で、〝生きものらしさ〟の自発性、自主性はバクテリアからヒトに至るまで生きものすべてがもっている、自発性はヒトのようないわゆる高等生物に限られたものではない、と強調した。快・不快の感性も同様のものと考えたい。

ところで話題を変えて、はじめに登場したゾウリムシの話をしたい。適温二五℃に飼われていた彼らを、同じ温度の少し大きい水槽で泳がせると、彼らは調子よく、普段の倍ぐらいのスピードで水槽の端から端へすこぶる調子よくスムーズに泳ぐ。いかにも気持ちよさそうに見える。つまり〝快〟の状態にある。何びきかいっしょにいても同様である。少し大きいメダカがいたとして、彼らからみても、ゾウリムシたちの〝快〟がわかると思われる。二つの種の生きものには直接何の関係もないけれども。

メダカが水中で車軸藻にふれたときでも、ふれ方によってお互いに元気かどうかを感じとるかもしれない。これは想像にすぎないが。

すべての動物、植物、微生物には〝快・不快〟と〝喜怒哀楽〟の心がある。一つの生きものが、他の生きものの心の状態を察知できると考えたい。もちろんそれは平生の互いの縁の近さに依存する。その察知のしかけがあるとして、それが生きもののソフトのしかけであるといえるかもしれない。


ここまでのべてきた、生きものの相互の心を感じるしかけは、特別な〝教育〟によってでき上がるものとはちがう。例えばヒトがチンパンジーに算数を教えたり、文字を教えたりすることによるものではない。そのようにしてチンパンジーに人の心を理解させようとするのではない。そのようにヒトに似せるためのものではない。

自然界のすべての生きものは〝心〟をもっていて、それは各生きものの生まれる過程で自ら身についてくるものであろう。おそらくお互いに共存するためのものであり、争いをするためのものではない。自然界ですべての生きものたちの存在に、互いに調和することが必須であるとくりかえしたが、この調和はヒトが作り上げるようなものではない。生きものたちに内在する心の間から生まれるものである。

ヒトは何かにつけて自然の中で指導的役割を果たそうと思いがちであるが、それは無理な話である。実際に今ヒトは文化文明の一層の〝向上〟を夢みて、それが自然の生きものたちに調和をもたらす働きをしうると思っているようにみえる。とんでもない思い上がりである。

現在しばしば〝地球全体のことを考えて〟ということばが使われる。何かを計画するとき、それは多くの場合〝ヒト〟がそれを実行する主体となるつもりである。他の生きものなら、さらに自然全体を考えていると思えない。もっとヒトは〝遠慮〟すべきではないか。現在多くのヒト、特に文明国のヒトは遠慮を知らない。お互いに遠慮の心があればこそ、生きものたちの調和が保たれるのである。まさに遠くをおもんばかる心、それは同時にすぐ近くを感じる心でもある。

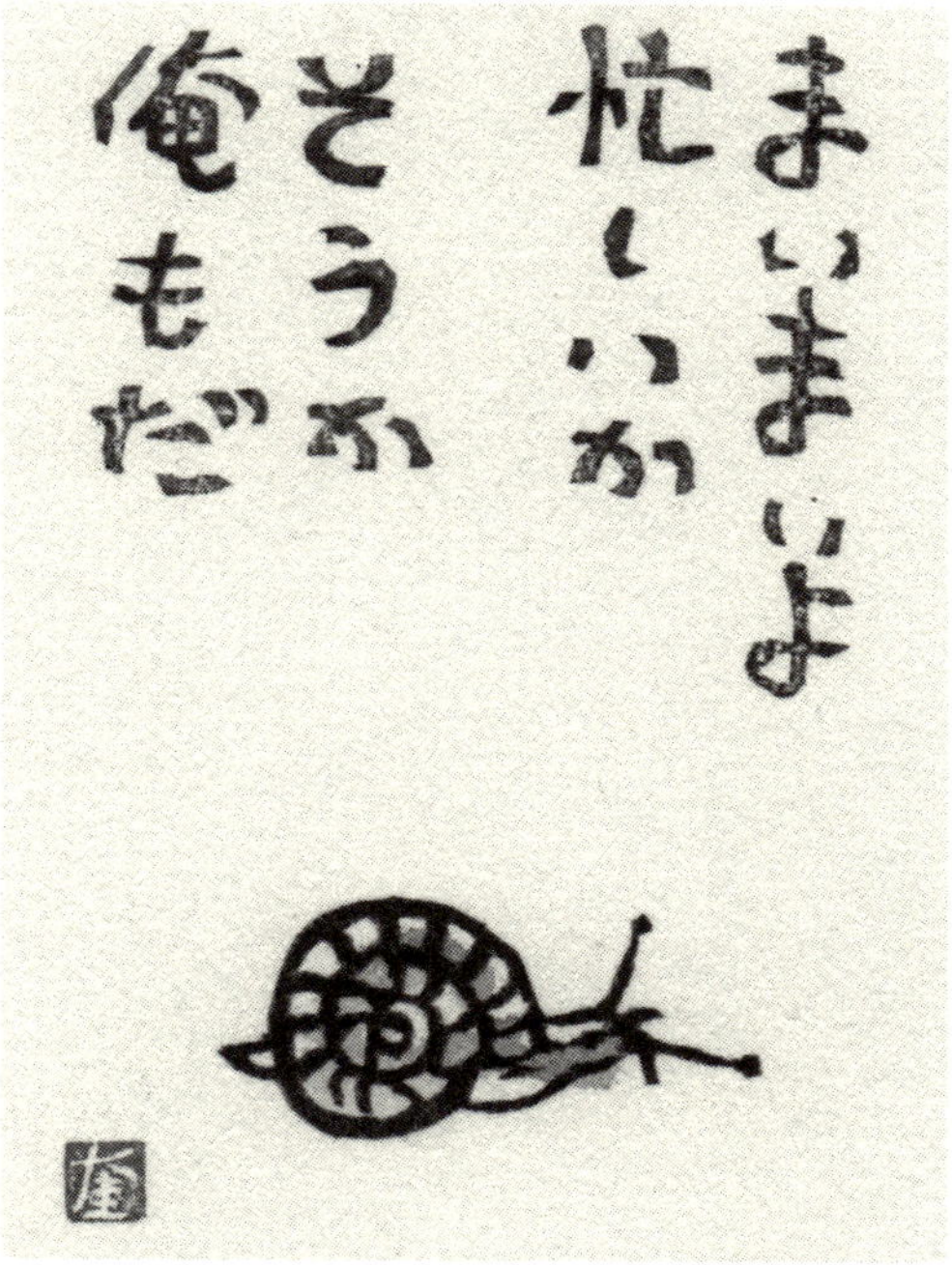

安光奎祐 画

あとがき

私の目標は、プロもアマも同じ程度にわかってもらえるように書くことであった。むつかしそうだけれど、実はやさしい。逆に、やさしそうだけれども、実はむつかしい。この道は元来そういう道なのである。

全体として話はうまく環になったように思える。書き手としては、よかったと思う。読み手としては？　それはわからない。時とともに考えも動き流れていく。それも〝生きものらしさ〟であろう。

＊　＊

藤原書店社長の藤原良雄さんから、以上の私の文を本として刊行することにきめたとおききし、非常にうれしく思いました。「生きものらしさ」を主題とする本を出したい、と思いはじめて十数年たちます。これが本として出て、「生きものらしさ」ということばが世の中でよく伝わるようになることを、ひそかに期待しています。いろいろ気を遣っていただいて、ありがとうございます。

御社のみなさんにはいろいろお世話になっていますが、特に山﨑優子さんには原稿の一字一字から一冊の本になるまでたくさんの段階があるでしょうが、常に適切賢明に対処され、本となり、深く感謝しています。

かつて御社で小さな円卓会議が開かれ、出席した数人がお互いにいろんな話をしましたが、その中での二言三言で心に残っていることがあります。またお会いしたいです。私もあれからいくつか年を重ねましたが。

二〇一七年三月

大沢文夫

「狐狸訪問図」　富士正晴 画

著者紹介

大沢文夫（おおさわ・ふみお）

1922年大阪生。日本学士院会員、名古屋大学名誉教授、大阪大学名誉教授。理学博士。専門は生物物理。

1944年東京帝国大学理学部物理学科を卒業、名古屋帝国大学理学部助手。50年助教授、59年教授。61年理学部附属分子生物学研究施設教授。68年より大阪大学基礎工学部教授を併任。86年定年退官。87年愛知工業大学教授、95年同客員教授。

研究のテーマは生命をめぐる科学の広範囲にわたり、特に「生きているという状態」を知るために展開した物理学的方法論は世界的にも高く評価され、「生物物理」の創造と発展に大きく寄与した。その自由な研究空間は「大沢牧場」と呼ばれ、生命をめぐる科学をリードする優れた人材を多く輩出。

中日文化賞（1963年）、朝日賞（1975年）、藤原賞、紫綬褒章（共に1985年）、勲二等瑞宝章（1993年）、*Nature* メンター賞（2009年）等を受賞。

著書『講座　生物物理――生物を物理に、そして再び生物に』（丸善、1998）『飄々楽学――新しい学問はこうして生まれつづける』（白日社、2005）『大沢流手づくり統計力学』（名古屋大学出版会、2011）他。

「生《い》きものらしさ」をもとめて

2017年5月10日　初版第1刷発行 ©

著　者　大　沢　文　夫
発行者　藤　原　良　雄
発行所　藤　原　書　店

〒162-0041　東京都新宿区早稲田鶴巻町523
電　話　03（5272）0301
FAX　03（5272）0450
振　替　00160-4-17013
info@fujiwara-shoten.co.jp

印刷・製本　中央精版印刷

落丁本・乱丁本はお取替えいたします
定価はカバーに表示してあります

Printed in Japan
ISBN978-4-86578-117-5